JN225445

実用数学全書

フーリエ解析学初等講義

東京都市大学 名誉教授 工博 **野原　勉**
東京都市大学 准教授 博(理) **古田公司** 共著

日 新 出 版

Lecture Notes on Fourier Analysis and Its Applications
Ben T. NOHARA
Koji FURUTA
Nisshin Shuppan Press, 2018
ISBN978-4-8173-0259-5

はじめに

　本書はフーリエ解析学を解説したものであり, 特に応用を主眼とする工科系の学部・学科における初等的な入門書です。フーリエ級数の工学への応用に重点をおき 初等的 な解説を目指しています。「初等的」という意味は, ルベーグ積分や関数解析などの大掛かりな道具を用いることなく, 微分・積分学の基礎的知識のみで理解できることを目指しています。

　奇しくも本年 (2018 年) はフーリエ生誕 250 年にあたる節目の年です。フーリエの残した業績を解説するのは甚だおこがましい限りです。フーリエの過ごした時代から 2 世紀以上進み今日現在に至って, 各分野でフーリエ解析が普通に使われるようになったことを考えると浅学菲才の身でもその解説が可能になったのではと思います。開発当初の技術はえてして荒削りです。専門家は使いこなせても, 一般の道具として洗練され万人が使いこなせるようになるには多くの関係者の努力とそれ相当な時間を必要とするものです。その意味でフーリエ解析学は万人のためのまさに熟された技術の一つでしょう。

　さて, フーリエ生誕 100 年は明治維新ですが, それよりさらに 50 年の年月を経てやっとフーリエ級数の収束に係る問題が解決され, 今日では工学や物理学の多くの分野で応用されるに至っています [4]。ここで, フーリエ解析学を学ぶ前にフーリエとはどんな人物だったのか, また彼の生きた（フランス革命当時の）時代についてまずは概観しましょう。

　フーリエ[1]はフランスのオセール[2] で生まれ「熱の解析的理論」(Théorie analytique de la chaleur)[3]でフーリエ級数を導入し熱伝導理論を発展させて, 後世の数学はもとより工学に多大な貢献をした「知的な寛大さ」[4] をもつ数学者であり, また政治的立場では知事などを経験しました。彼の指導者はラグランジュ[5], 教え子にディリクレやナビエなどがいます。次頁表にフーリエが活躍した時代背景を示しておきます。

---

[1]Jean Baptiste Joseph Fourier, 1768 年 3 月 21 日 - 1830 年 5 月 16 日
[2]パリから南東へ約 150 km
[3]1822 年初版
[4]評伝コーシー：森北出版, 辻雄一訳, 1998, p89
[5]Joseph-Louis Lagrange （1736 – 1813）：解析力学, 変分法の創始者

西暦年	フランス	フーリエ
1768 年		3 月 21 日仏オセールにて誕生
1769 年	ナポレオン・ボナパルト誕生	
1789 年	フランス革命 (-1799 年)	(1787 年 -) サン・ブノワ修道院（-1789 年）
1793 年	ルイ 16 世, マリー・アントワネット漸首刑死	
1794 年	ジャコバン派による恐怖政治	エコール・ノルマル・シュペリュールに第一期生として入学
1798 年	ナポレオン：エジプト遠征	エジプト遠征に随行（モンジュ, ベルトレと共に）
1799 年	ナポレオン：フランス第一共和政樹立	エジプトに残置される, 考古学の研究
1801 年	エジプト開化の任をイギリスに譲渡	エジプトから帰国, ロゼッタ・ストーン持ち帰る
1802 年	ナポレオン：終身統領就任	イゼール県知事拝命 (-1815 年)
1804 年	ナポレオン：皇帝即位	物体中の熱の伝わり方の研究を開始
1806 年	ナポレオン：プロシア軍撃破, ベルリン入場	
1807 年		「個体中の熱伝導について」論文提出, フーリエ級数展開を発見
1808 年		男爵の爵位に叙せられる
1809 年	ナポレオン：ウイーン占領	
1812 年	ナポレオン：ロシアから敗退	「熱の解析的理論」にてアカデミー大賞受賞
1814 年	ナポレオン：無条件退位, エルバ島配流	
	ブルボン朝第 1 次復古王政（~1830 年）	
1821 年	ナポレオン, セントヘレナ島で死去	1822 年「熱の解析的理論」初版を出版
1826 年		アカデミー・フランセーズ会員
1830 年	7 月革命により立憲君主制の 7 月王政成立	5 月 16 日パリにて病没（享年 63 歳）

　フーリエは奇しくもフランス革命と時を同じくし，同時代の数学者にはコーシー[6]やガロワ[7]などがいます。人の幸不幸は傍目にはわかりませんが，20歳の若さで決闘死したガロワやナポレオンの腹心であったモンジュ[8]が復古ブルボン朝により好餌となったことなどに比べ，フーリエは権力欲も旺盛でエコール・ポリテクニークの理事長にもなり，人生は名誉に満ちたものであったといえましょう。彼の肖像画[9]や「熱の解析的理論」[10] 初版写真[11] などはWEB上で見ることができます。

　フーリエがかかげた命題は「時間に関する任意の周期関数は同じ周期の正弦関数と余弦関数の無限和として表せる」というものでしたが，この命題の精密化や成立のための条件を求めてディリクレ[12]，フェエール[13]，カールソン[14] などの19世紀から20世紀にかけての多くの数学者が格闘しました。今日では，ルベーグ積分や関数解析の知見を得てフーリエ級数の収束に係る150年にも渡る問題が解決されるに至っています。

　本書は3部構成になっています。まず，第1部でフーリエ級数がどのように使われるかをバネ—マス系（常微分方程式）や熱方程式（偏微分方程式）をとりあげてその解法を述べながら，得られた形式解の収束性に関する問題提起を解説しています。多くの書物では，この部分はフーリエ級数理論をひと通り学習した後にその応用例として扱っていますが，本書では工科系学生の理解の即効性を期待してあえて先に応用から入っています。続く第2部では，フーリエ級数とその収束性について解説しています。フーリエ級数の収束に関する課題は重要なため紙数の許す限り証明までのせることにしました。その後，フーリエ積分とフーリエ変換まで進み，ここまででフーリエ解析学の理論的裏付けができたことになります。フーリエ変換の偏微分方程式解法への応用として第1部で取りあげた問題を再度扱っています。付録では，

---

[6]Augustin-Louis Cauchy（1789 – 1857）：複素解析の創始者であり近代数学の父

[7]Évariste Galois（1811 – 1832）：ガロワ理論の創始者

[8]Gaspard Monge（1746–1818）：画法幾何学の発明者

[9]https://ja.wikipedia.org/wiki/ジョゼフ・フーリエ

[10]編集したものが翻訳で出版もされています。ジョゼフ・フーリエ 著, ガストン・ダルブー 編, 竹下貞雄 訳「熱の解析的理論」, 大学教育出版, 2005.

[11]http://www.kanazawa-it.ac.jp/dawn/photo/182201.jpg

[12]Johann Peter Gustav Lejeune Dirichlet, 1805 – 1859

[13]Lipót Fejér, 1880–1959

[14]Fritz David Carlson, 1888 – 1952

級数の収束性について, 特に, 一様収束の概念は大切ですからこれらを簡明にまとめてあります。読者には本文を読みながら問題を解くことが期待されます。一部の解答を掲載していますので適宜参考にしてください。

本書の表記法について

本書は数学書に倣って下記の表記を行っています。

> **定義 0.0.1** 定義（definitions）では, 理論を展開していく上での概念の内容や用語の意味を他の概念や言葉と区別できるように明確に限定する。たとえば, 遡上の関数は実関数として扱うのか, あるいは複素関数なのかを明確にすることなど。

> 重要な命題
>
> **定理 0.0.1** 定理（theorems）では, 証明された重要な命題（propositions）を述べる。

（文脈にもよりますが）定理ほど重要ではなく, しかし証明されるべき定理の証明に補助的に用いる命題を補題（lemmas）にしています。また, 事実（facts）も定理に準ずるものです。これらは上に示すようにその視認性を挙げるべく枠で囲みました。また, 随所に注意すべき事項としてつぎの注意（remarks）

注意 0.0.1 定理などを補足的に解説する。♣

を付しています。また, 本文を工学的な意味内容で理解するための一助としてノート（notes）

ノート 0.0.1 定性的な理解のため, 定理などの内容を工学として捉えた観点からの解説を与えている。◇

を付しました。なお, 証明の最後には□, 例題の最後には■を付してあります。

なお, コラムは

> この欄はコラムです。

で表しています。特に断りがない限り

E.T. ベル (田中勇, 銀林浩訳) 数学をつくった人々 (上下巻) , 東京図書, 1997.
から引用しました。

謝辞

　本書の査読を引き受けていただきました有本彰雄氏に御礼申し上げます。
氏からは鋭い指摘や有益なコメントを多々いただきました。執筆分担は第 2
著者が主に第 4 章と問題解答を, その他を第 1 著者が担っています。誤字脱
字を含めて記載内容の間違いはすべて第 1 著者の責任にあります。最後に,
日新出版 (株) 小川浩志氏には終始お世話になりましたこと感謝いたしま
す。本書が初学者へのよきガイドになることを祈りつつ筆をおきます。

　　　　　　平成 30 年皐月　伊豆にて　著者を代表してしるす　野原勉

目 次

第I部

フーリエ級数の応用例

第1章　常微分方程式

　通常のフーリエ解析のテキストは, まずフーリエ級数 (Fourier series) の理論から始めるのが慣例となっています. フーリエ級数の理論はやや複雑で特に収束性の議論は厳密性を要求されますが, フーリエ級数の応用は簡単です. そこで, 本書ではまず最初に機械工学系の学科において初年時に必ず学ぶバネ–マス系の運動方程式を例題に取りあげフーリエ級数の導入とします. その後次章で熱方程式 (heat equation) [1]と波動方程式をとりあげ, フーリエ級数がどのように利用されるか見ていきましょう. 熱方程式を代表とする偏微分方程式 (partial differential equation) の解法には, 変数分離法 (separation of variables) を用います [12].

1.1　2階線形常微分方程式：バネ–マス系

　図 1.1.1 に示すように, バネの一端に質量 m の重りが取り付けられており, バネの相対する端点は固定されているとします. この重りが 1 直線上を運動する系をバネ–マス系 (spring–mass system) といいます. ここでは重りは質点とし, バネは減衰を含まず理想的な線形バネとしてそのバネ定数[2]k (> 0) はフックの法則 (Hooke's law) に従うという仮定での運動を考察しましょう. 時刻 t における重りの位置を $x(t)$ とするとニュートン (Newton) の運動の第 2 法則[3]により

$$m\ddot{x} = -kx \tag{1.1.1}$$

---

[1] または拡散方程式ともいう.
[2] バネを単位長さ伸縮させるために必要な力
[3] 質量 × 加速度 ＝ 力

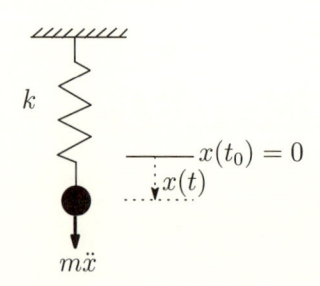

図 1.1.1: 外力がないときのバネーマス系

なる 2 階線形常微分方程式である運動方程式を得ます[4]。この系に外力 $F(t)$ を重りに印可すると

$$m\ddot{x} = -kx + F$$

となります。機械工学の慣例に従ってこれを

$$\ddot{x} + \omega^2 x = f \tag{1.1.2}$$

と書くことにします。$\omega = \sqrt{\frac{k}{m}}$ は系の固有振動数（natural frequency, 外力がないときの系の固有の振動数）を表し，$f = f(t)$ は $\frac{F(t)}{m}$ を置き換えたにすぎません。ここで, 外力 $f(t)$ を周期 T をもつ周期関数（periodic function）とします。$\varphi = \frac{2\pi}{T}, n = 1, 2, 3, \ldots$ として $f(t)$ を

$$f(t) = \frac{a_0}{2} + \sum_{n=1}^{\infty} \left(a_n \cos n\varphi t + b_n \sin n\varphi t \right) \tag{1.1.3}$$

---

[4] $\ddot{x}$ は関数 x の時間に関する第 2 次導関数を表しておりニュートン流の表記です。

のように表現できると（今の段階では）しましょう[5]。すると (1.1.2) の特殊解（particular solution）も周期 T をもつと考えられるので, その特殊解を

$$x(t) = \frac{c_0}{2} + \sum_{n=1}^{\infty} \left(c_n \cos n\varphi t + d_n \sin n\varphi t \right) \tag{1.1.4}$$

と表すことができるはずです。そこで, (1.1.3) と (1.1.4) を (1.1.2) へ代入して $\cos n\varphi t$ および $\sin n\varphi t$ の係数を比較すると

$$c_0 = \frac{a_0}{\omega^2}, \quad c_n = \frac{a_n}{\omega^2 - (n\varphi)^2} \quad d_n = \frac{b_n}{\omega^2 - (n\varphi)^2} \tag{1.1.5}$$

を得ます。以上の計算から得られる知見は (1.1.5) より, もし ω と $n\varphi$ が同じ値をもつか[6]（あるいはほぼ等しくなれば）x は系の固有振動数（あるいはその近辺の振動数）にて振幅が無限大に（あるいは極めて大きく）なります。これを共振（resonance）といいますが, 結果的に系（たとえば, 構造物）を破壊するにいたり[7]耐震性能などの観点から重要な課題になります[8]。

問題 **1.1.1** つぎの微分方程式

$$\ddot{u} + \omega^2 u = a \cos \varphi t \quad (a \neq 0) \tag{1.1.6}$$

の一般解（general solution）を $\omega \neq \varphi$ と $\omega = \varphi$ の場合に分けて求めよ。

　問題 1.1.1 の計算例を図 1.1.2 に示します。破線は $\omega = \varphi = 1$ とした時で共振現象が起きているのが分かります。

1.2　ダッフィング方程式

　前節では線形バネを扱いましたが, 一般にバネの特性は非線形です。非線形バネにおいては, (1.1.1) のバネによる復元力 $-kx$ が $-(k_1 x + k_3 x^3)$ と表され

---

[5](1.1.3) 右辺こそが $f(t)$ のフーリエ級数といわれるものですが, 右辺が左辺の関数 $f(t)$ に等しくなるためには $f(t)$ に条件がいります。この条件と右辺が左辺に収束するスピードが問題になります。これらのことを第 II 部で学びます。

[6]そのような整数 n があれば, という意味です。

[7]線形系としてはそうなりますが, 実際の方程式にはおうおうにして非線形項が含まれているので, 振幅が大きくなるとこの非線形項が作用して有限振幅の非線形振動となることがしばしばです。

[8]1940 年に起きた米国タコマナローズ橋の落橋は構造物自体の設計要因もあったようですが, 外力である風と構造物の共振現象の例としてしばしば挙げられています。

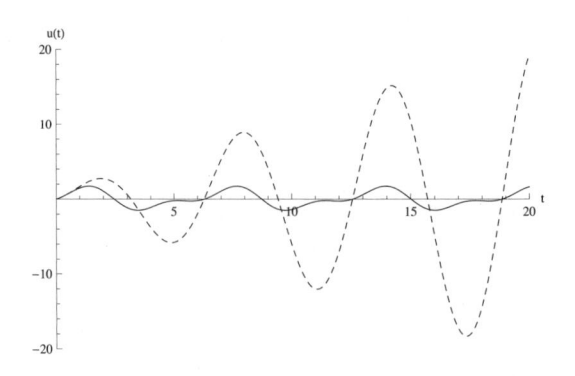

図 1.1.2: (1.1.6) において固有振動数を $\omega = 1$ として外力の振動数を
$\varphi = 1$（破線）と $\varphi = 2$（実線）とした時の時間発展を示しています。
$a = 2$ とし初期値は $u(0) = 0, \dot{u}(0) = 1$ です。

る場合をよく扱います。$k_1 (> 0)$ は線形部分[9] であり, 非線形部分の k_3 は正
負どちらも考えることができます。ここでは, $k_3 > 0$ とします[10]。非線形の
バネ–マス系（外力なし）の方程式を改めて

$$\ddot{x} + ax + bx^3 = 0 \quad (a, b > 0) \tag{1.2.1}$$

と書くことにします。これはダッフィング（**Duffing**）方程式の 1 例です[11]。
$b = 0$ とすれば線形バネになりこれは前節で扱いました。微分方程式 (1.2.1)
の解についてつぎのことがいえます。

---

[9]物理的制約により $k_1 > 0$.
[10]$k_3 > 0$ を硬性バネ（hard spring）, $k_3 < 0$ を軟性バネ（soft spring）といいます。
[11]詳しくは文献 [7] を参照ください。

┌─ 楕円積分で表される周期 ─────────────

事実 1.2.1 微分方程式 (1.2.1) の解は $E \geq 0$ として任意の t_0 に対して

$$x(t) = \pm \sqrt{\frac{\sqrt{a^2 + Eb} - a}{b}} \mathrm{cn}(\sqrt[4]{a^2 + Eb}\,(t - t_0), k) \qquad (1.2.2)$$

である。ここに, $k^2 = \frac{\sqrt{a^2 + Eb} - a}{2\sqrt{a^2 + Eb}}$. また, この解の周期 τ は

$$\tau = \frac{4K\left(\sqrt{\frac{\sqrt{a^2 + Eb} - a}{2\sqrt{a^2 + Eb}}}\right)}{\sqrt[4]{a^2 + Eb}} \qquad (1.2.3)$$

である。ここに, $K(k)$ は第 1 種完全楕円積分 (complete elliptic integral of the first kind) を示す。

└──────────────────────────────

第 1 種完全楕円積分 $K(k)$ や cn 関数については 29 頁の脚注を参照ください。証明は [7] を参照ください。なお, 事実 1.2.1 中の E は (1.2.1) の第 1 積分

$$2\dot{x}^2 = -2ax^2 - bx^4 + E$$

で現れる積分定数です。上式は

$$E = 2\dot{x}^2(t) + 2ax^2(t) + bx^4(t) \geq 0 \qquad (1.2.4)$$

ですから E は保存量になり任意の $t \geq t_0$ で解は (1.2.4) で定まる解曲線上に存在することになります。

注意 1.2.1 減衰のない非線形バネ−マス系に周期外力を印可したつぎの方程式

$$\ddot{x} + ax + bx^3 = f(t), \quad f(t) = f(t + \omega)$$

の解析は難問である。また, この方程式に減衰項を加えた方程式

$$\ddot{x} + c\dot{x} + ax + bx^3 = f(t), \quad f(t) = f(t + \omega)$$

では, カオス (chaos) が発生することが知られている。♣

第2章　偏微分方程式

2.1　偏微分方程式1：熱方程式

例題 **2.1.1** 熱方程式

熱方程式は温度[1]$u = u(x, t)$ としてつぎのように書くことができます[2]。

$$\frac{\partial u}{\partial t} = \kappa \frac{\partial^2 u}{\partial x^2} \tag{2.1.1}$$

ここで, x は空間（場所）, t は時間を表し, κ は熱拡散率[3]（thermal diffusivity）で定数です。熱方程式は, 2 階 2 変数線形偏微分方程式で放物型（parabolic）[4]といわれるものです。■

2.1.1　熱方程式の導出

まず, この方程式の導出を試みてみましょう[5]。図 2.1.1 に示すロッドに熱が伝わる状況を考えます。熱エネルギー密度（thermal energy density, 単位体積当りの熱エネルギー）を $e(x, t)$ とします。熱量はロッドの断面で一定と仮定します。すなわち, 断面内で熱の移動はないとすると, このロッドは空間 1 次元（x とする）として構わないということです。ロッドは均一に熱せられないため, e が x と t の両方に依存しています。そこで, 場所 x と $x + \Delta x$ 間の

---

[1]単位は通常 K（ケルビン）を使う。
[2]正確には, 変数 x, t の範囲を指定し, どの領域で (2.1.1) を定義するか指定する必要がある。
[3]単位は m^2/s である。
[4]このほか, 線形偏微分方程式には, 波動方程式の双曲型（hyperbolic, §2.2 で扱います）, ラプラス方程式の楕円型（elliptic）がありますが, 詳細は巻末の参考文献をみてください。
[5]批判を承知で敢えていうと, 物理現象を観察して方程式をたてるのは物理であり, それを具体的な条件で数値的に解くのが工学であり, 数学では方程式の定性的な性質を議論することが多い。方程式をたてることは対象システムのモデリングであるが重要な位置を占める。

薄くスライスしたロッドを考えます。この体積は $A\Delta x$ になり，このスライスでの全エネルギーは $e(x, t)$ にその体積を掛けたものですからつぎのように書くことができます。

$$\text{熱エネルギー} = e(x, t)A\Delta x \tag{2.1.2}$$

熱流（単位面積当り右方へ流れる単位時間当りの熱エネルギーの量）を $\phi(x, t)$ とすると，スライスでの境界で単位時間当りに流れる熱エネルギーは

$$\phi(x, t)A - \phi(x + \Delta x, t)A \tag{2.1.3}$$

となります。もし，$\phi(x, t) < 0$ なら熱エネルギーは左方へ流れることを意味します。熱エネルギー保存則（law of conservation of heat energy）よりつぎが成り立ちます。

$$\frac{\partial}{\partial t}e(x, t)A\Delta x \approx \phi(x, t)A - \phi(x + \Delta x, t)A \tag{2.1.4}$$

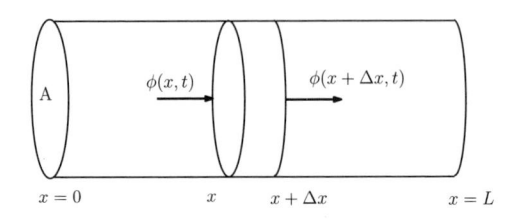

図 2.1.1: 長さ L，断面積 A のロッドに熱が伝わる状況：熱流（heat flux）を $\phi(x, t)$ とする。

すなわち, スライスでの熱エネルギーの変化量は (2.1.3) にほぼ等しいという ことです[6]。(2.1.4) で Δx の極限をとると

$$
\begin{aligned}
\frac{\partial}{\partial t} e(x, t) &= \lim_{\Delta x \to 0} \frac{\phi(x, t) - \phi(x + \Delta x, t)}{\Delta x} \\
&= -\frac{\partial \phi}{\partial x}
\end{aligned}
\tag{2.1.5}
$$

を得ます。ここで, e と ϕ は温度 u を使い, つぎのように書くことができます。

$$
e(x, t) = c\rho u(x, t)
\tag{2.1.6}
$$

$$
\phi = -K_0 \frac{\partial u}{\partial x}
\tag{2.1.7}
$$

ここで, c, ρ はそれぞれ比熱（specific heat）[7]と質量密度（mass density）[8]を 表します。これらも本来は場所の関数ですが, 簡単にするため一定としてい ます。また, K_0 は熱伝導率[9]（thermal conductivity）で, 材質に依存し通常は 実験により求めることができる定数です。(2.1.7) は, フーリエにより導かれ た熱伝導の法則（Fourier's law of heat conduction）です。さて, (2.1.6), (2.1.7) を (2.1.5) に代入すると (2.1.1) を得ます。ただし, $\kappa = \frac{K_0}{c\rho}$ です。

2.1.2　熱方程式の初期値境界値問題

さて, 熱方程式の導出を §2.1.1 で行ないましたが, この節では実際に (2.1.1) を解いてみましょう。再度, 解くべき方程式をつぎのように書きます。

$$
\begin{cases}
\dfrac{\partial u}{\partial t} = \kappa \dfrac{\partial^2 u}{\partial x^2}, & 0 < x < L, \ t > 0 \\[2mm]
\text{初期条件}：u(x, 0) = f(x) \\[1mm]
\text{境界条件}：u(0, t) = 0, u(L, t) = 0
\end{cases}
\tag{2.1.8}
$$

ここで, x は有限長で $0 < x < L$ にし, t は $t > 0$ としています。この問題で は, 初期条件（initial conditions）を $u(x, 0) = f(x)$ とし, 境界条件（boundary

---

[6](2.1.4) で等号ではなく $\approx$ としたのは, Δx 内では e を一定としているからである。
[7]単位は J/kg $\cdot$ K である。
[8]単位は kg/m^3 である。
[9]単位は J/m $\cdot$ s $\cdot$ K である。

conditions）を両端で 0 にしています[10]。このような問題を初期値境界値問題（initial and boundary value problem）といいます。仮定として, $f(x)$ は区分的になめらか[11]な関数としておきます。

2.1.3 変数分離法

さて, (2.1.8) は変数分離法[12]という手法で解法が可能です。以下, 変数分離法で (2.1.8) を解いていきましょう。

[ステップ 1]　まず, 求めるべき未知関数 u をつぎのように x の関数 $\phi(x)$ と t の関数 $T(t)$ の積の形にします。

$$u(x,t) = \phi(x)T(t) \qquad (2.1.9)$$

(2.1.9) は, もともとの (2.1.8) を満たさねばならないので, (2.1.9) を (2.1.8) に代入すると

$$\phi(x)\frac{dT}{dt} = \kappa\frac{d^2\phi}{dx^2}T(t)$$

となり, $\kappa\phi(x)T(t)$ で両辺を割ると

$$\frac{1}{\kappa T}\frac{dT}{dt} = \frac{1}{\phi}\frac{d^2\phi}{dx^2} \qquad (2.1.10)$$

を得ます。(2.1.10) をよく見ると左辺は t だけの関数, 右辺は x だけの関数となっていることが分かります[13]。したがって, 両辺は定数でなければならず, つぎのように書くことができます。

$$\frac{1}{\kappa T}\frac{dT}{dt} = \frac{1}{\phi}\frac{d^2\phi}{dx^2} = -\lambda \qquad (2.1.11)$$

ここで, $\lambda \geq 0$ の定数としておきます。この理由は後ほど明らかになります。

---

[10]境界条件は, この他に $\frac{\partial u}{\partial x}u(0,t)$ と $\frac{\partial u}{\partial x}u(L,t)$ で与える場合もある。
[11]区分的になめらかとは, 関数 $f(x)$ が連続である区分に分割でき, $\frac{df}{dx}$ もまた連続であること。詳しくは, 定義 3.3.2 を参照。
[12]D. ベルヌーイ（Bernoulli）により 1700 年代に発見された。
[13]この事実より変数分離法という名称が付いている。

[ステップ2] (2.1.11) で変数分離ができたので，この方程式を便宜的につぎのように書きます。

$$\frac{dT}{dt} = -\lambda \kappa T \tag{2.1.12}$$

$$\frac{d^2\phi}{dx^2} = -\lambda \phi \tag{2.1.13}$$

(2.1.12) の解法

まず，$T(t) = 0$ は (2.1.12) を満たすので1つの解となり得ますが，これを (2.1.9) に代入すると，$u(x, t) = 0$ となり求める温度は常に 0 となります。$u(x, t) = 0$ は自明解（trivial solution）といい，同次境界条件での同次偏微分方程式ではいつでもこの自明解を持ちます。私たちの興味のある解は自明解ではないので，(2.1.12) の解を

$$T(t) = ae^{-\lambda \kappa t}, \quad \lambda \geq 0 \tag{2.1.14}$$

とします。この段階では a は任意定数で後ほど初期条件と境界条件から決定されます。$\lambda \geq 0$ としたことを思い出してください。(2.1.14) で $\lambda < 0$ とすると，$T(t)$ すなわち温度は時間とともに指数関数的に増大することになり，これは物理的な要請から排除されるべきです。これは証明することではなく，私たちはそのような物理的にあり得ない解には興味がないということです。

(2.1.13) の解法

つぎに，(2.1.13) に進みましょう。境界条件より $\phi(0) = 0, \phi(L) = 0$ を満たさねばなりません。再度解くべき方程式を明確に書くとつぎのようになります。

$$\begin{cases} \dfrac{d^2\phi}{dx^2} = -\lambda \phi, & 0 < x < L \\ \text{境界条件：} \phi(0) = 0, \phi(L) = 0 \end{cases} \tag{2.1.15}$$

この場合も自明解 $\phi(x) = 0$ がありますが，これもやはり $u(x, t) = 0$ となり私たちの興味の対象ではありません。バネーマス系で扱った初期値問題（initial value problem）であれば唯一な解の存在性が比較的容易にいえますが，(2.1.15) のように境界値問題（boundary value problem）では，解の存在性と唯一性を保証する簡単な理論はありません。ここでは，固有値（eigenvalue）

といわれる λ の特別な値に対して,非自明解 $\phi(x)$ の存在を示しましょう。非
自明解 $\phi(x)$ は,固有値 λ に対する固有関数（eigenfunction）といわれます。
以下に (1)$\lambda > 0$, (2)$\lambda = 0$ の場合に分けて解いていきます。

(1) $\lambda > 0$ の場合

(2.1.15) の基本解（fundamental solution）は $e^{\pm i\sqrt{\lambda}x}$ となりますが,欲しいのは
実数解ですから $\cos\sqrt{\lambda}x$ と $\sin\sqrt{\lambda}x$ を選ぶのがいいでしょう。したがって,
一般解は

$$\phi(x) = c_1\cos\sqrt{\lambda}x + c_2\sin\sqrt{\lambda}x \tag{2.1.16}$$

となります。c_1, c_2 は任意定数です。ここで上式に境界条件を適用します。
$\phi(0) = 0, \phi(L) = 0$ より

$$c_1 = 0, \; c_2\sin\sqrt{\lambda}L = 0$$

を得て,固有値 λ は

$$\lambda = \left(\frac{n\pi}{L}\right)^2, \quad n = 1, 2, 3, \ldots \tag{2.1.17}$$

と求めることができます。したがって,この固有値に相当する固有関数は

$$\phi(x) = c_2\sin\frac{n\pi x}{L}, \quad n = 1, 2, 3, \ldots \tag{2.1.18}$$

となります。

(2) $\lambda = 0$ の場合

これは読者の問題 2.1.1 にします。

[ステップ 3]　以上で $\phi(x)$（(2.1.18)）と $T(x)$（(2.1.14)）が決まりましたの
で,これらを (2.1.9) へ代入し

$$u(x, t) = b\sin\frac{n\pi x}{L}e^{-\kappa(n\pi/L)^2 t}, \quad n = 1, 2, 3, \ldots \tag{2.1.19}$$

と求まります。ただし,b は $c_2 a$ を改めて 1 つの定数としたものです。この
解が特殊解になります。ここで注意すべきは,(2.1.19) は n の任意の正の整
数に対して成り立つということです。そこで,重ね合わせの原理（principle
of superposition）を使います。すなわち,熱方程式 (2.1.8) は線形同次方程式
ですから,(2.1.19) の線形結合

$$u(x, t) = \sum_{n=1}^{\infty} b_n\sin\frac{n\pi x}{L}e^{-\kappa(n\pi/L)^2 t} \tag{2.1.20}$$

が, 解となります。残るは上式の係数 b_n を決めることです。これには初期条件を使い $u(x, 0) = f(x)$ ですから

$$f(x) = \sum_{n=1}^{\infty} b_n \sin \frac{n\pi x}{L} \tag{2.1.21}$$

となります。(2.1.21) は正弦フーリエ級数（Fourier sine series）になっています。正弦関数の直交性（orthogonality）

$$\int_0^L \sin \frac{m\pi x}{L} \sin \frac{n\pi x}{L} dx = \begin{cases} 0, & m \neq n \\ \dfrac{L}{2}, & m = n \end{cases} \tag{2.1.22}$$

を使えば

$$\begin{aligned} \int_0^L f(x) \sin \frac{m\pi x}{L} dx &= \sum_{n=1}^{\infty} b_n \int_0^L \sin \frac{n\pi x}{L} \sin \frac{m\pi x}{L} dx \\ &= b_m \int_0^L \sin^2 \frac{m\pi x}{L} dx \\ &= b_m \frac{L}{2} \end{aligned} \tag{2.1.23}$$

となり[14], したがって, b_m は

$$b_m = \frac{2}{L} \int_0^L f(x) \sin \frac{m\pi x}{L} dx, \quad m = 1, 2, 3, \ldots \tag{2.1.24}$$

と求まります。よって, 温度である $u(x, t)$ はつぎのように書くことができました。

$$u(x, t) = \sum_{n=1}^{\infty} \frac{2}{L} \int_0^L f(y) \sin \frac{n\pi y}{L} dy \sin \frac{n\pi x}{L} e^{-\kappa(n\pi/L)^2 t} \tag{2.1.25}$$

[ステップ4]　さて, (2.1.25) で一応解を求めることができましたが, 多少議論すべきことがあります。それはつぎの

---

[14](2.1.23)1 行目で右辺は $n = m$ のときのみその値をもつので, 同 2 行目で n を m におきかえている。

(1) (2.1.21) において, 右辺の無限級数（infinite series）が左辺の $f(x)$ に収束
（convergent）するか。

(2) (2.1.25) は t に関して連続（continuous）か。

(3) 解は (2.1.25) 以外にないか（唯一（unique）か）。

という問題です。

(1) の問題に対しては リーマン・ルベーグの定理がこれを解決する主要な定
理になります。詳しくは §3.3.3 の定理 3.3.1 で解説します。リーマン・ルベー
グの定理を使うことにより (2.1.21) 右辺の正弦フーリエ級数は収束すること
がわかります。したがって, (2.1.25) の右辺も収束します。

注意 **2.1.1** フーリエ級数は物理的な問題においては, 多くの場合, うまく機能
する。♣

(2) の問題についても答えは肯定的です。§3.3.5 にてフーリエ級数の連続性
について議論します。一様収束（uniformly convergence）する連続な関数列
の極限は連続になります（定理 3.3.4）。また,

(3) の問題については, 解は唯一であることがいえます。2 つの解があったと
してその差が 0 となることがいえます。

注意 **2.1.2** 応用では, (2.1.25) で無限大まで級数和をとることはできない。し
かし, n が大きくなると対応する項は, 時間とともに指数関数的に減少するの
で最初の数項をとれば十分よい近似が得られることが多い。♣

　ここで紹介した変数分離法は最も基本的な解析的な解法です。しかし, た
かだか空間 2 次元の線形偏微分方程式にしても, 境界条件が複雑になると連
続系を離散化し差分方程式に変えて数値的に解かざるを得なくなります。有
限要素法 [6] などの数値計算法だけでも一大研究分野を形成しています。

　最後に, 図 2.1.2 と図 2.1.3 に数値計算例を示しておきます。図 2.1.2 は
(2.1.8) において, $\kappa = 1, L = 10, f(x) = 10 \sin \frac{3\pi}{L} x$ としたときの $u(x, t)$ の時間発
展を示しています。同様に図 2.1.3 は, $\kappa = 1, L = 10, f(x) = \begin{cases} 10 \ (3 < x < 7), \\ 0 \ (それ以外) \end{cases}$
の場合です。

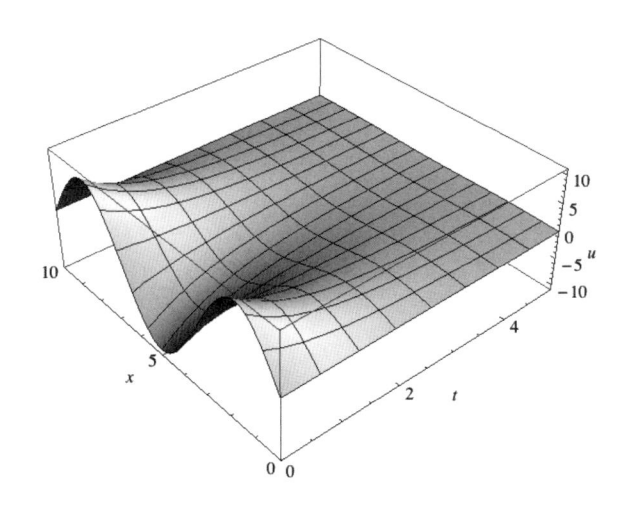

図 2.1.2: (2.1.8) において, $\kappa = 1, L = 10, f(x) = 10\sin\frac{3\pi}{L}x$ としたときの $u(x, t)$ の時間発展を示す。

問題 **2.1.1** 14 頁の $\lambda = 0$ の場合について考察せよ（ヒント：この場合, 温度は自明解となる）。

問題 **2.1.2** 熱方程式の初期値境界値問題 (2.1.8) において, 初期条件を

$$u(x, 0) = \sin\frac{3\pi}{L}x + \sin\frac{7\pi}{L}x$$

とし, 解を求めよ。

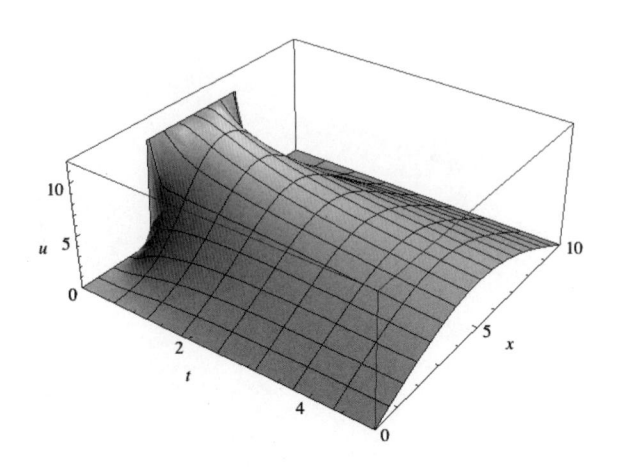

図 2.1.3: 初期条件を $f(x) = 10 \ (3 < x < 7), 0$ (それ以外) とした場合。
それ以外のパラメータは図 2.1.2 に同じ。

問題 **2.1.3** つぎの初期値境界値問題を本文にならって解きなさい。ただし，
$f(x)$ は区分的になめらかな関数とする。

$$\begin{cases} \dfrac{\partial u}{\partial t} = \kappa \dfrac{\partial^2 u}{\partial x^2}, \quad 0 < x < 2\pi, \ t > 0 \\ \text{初期条件：} u(x,0) = f(x) \\ \text{境界条件：} u(0,t) = u(2\pi, t) \\ \qquad\qquad \dfrac{\partial u(0,t)}{\partial x} = \dfrac{\partial u(2\pi, t)}{\partial x} \end{cases} \qquad (2.1.26)$$

2.2　偏微分方程式 2：波動方程式

つぎにこの節では, 棒の縦振動を例にあげます.

例題 2.2.1 波動方程式

長さ ℓ, 単位断面積をもつ棒部材の縦方向（長さ方向）の振動を $u = u(x, t)$ として, その支配方程式は

$$\rho \frac{\partial^2 u}{\partial t^2} - E \frac{\partial^2 u}{\partial x^2} = 0 \tag{2.2.1}$$

で表されます. ここで, x は棒の長さ方向, t は時間を表し, また ρ は棒部材の密度, E はヤング率[15]（Young's modulus）を表しています. (2.2.1) は双曲型の線形偏微分方程式で波動方程式（wave equation）といわれるものです. ∎

2.2.1　棒の縦振動：支配方程式の導出

図 2.2.1 の棒の縦振動 $u(x, t)$ の支配方程式は棒の運動エネルギー $T(t)$ と歪みエネルギー $V(t)$ を求め, ハミルトン原理（principle of Hamilton）を使うことにより導くことができます. 長さ ℓ, 断面積 A, 密度 ρ の物体の運動エネルギー T は

$$T = \frac{1}{2} \int_0^\ell \rho A \left(\frac{\partial u}{\partial t} \right)^2 dx \tag{2.2.2}$$

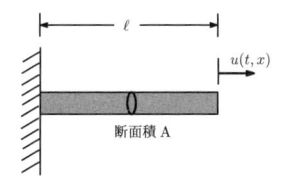

図 2.2.1: 棒の縦振動 $u(x, t)$

---

[15]密度とヤング率の単位はそれぞれ kg/m³, N/m² です.

と書くことができます。ここで, A と ρ は x に関して一定としています。また, 歪みエネルギー V は

$$V = \frac{1}{2} \int_\Omega \sigma\epsilon \, d\Omega \tag{2.2.3}$$

で与えられます。ここに, σ と ϵ は応力 (stress) と歪み (strain) を表し, Ω は考察対象の領域を表しています。1 次元における応力-歪み関係式はヤング率 (E) を用いて

$$\sigma = E\varepsilon \tag{2.2.4}$$

と表わされ, また, 歪み-変位 (u) 関係式は

$$\varepsilon = \frac{\partial u}{\partial x} \tag{2.2.5}$$

ですから, これらより (2.2.3) は

$$V = \frac{1}{2} \int_0^\ell EA\Big(\frac{\partial u}{\partial x}\Big)^2 dx \tag{2.2.6}$$

となります。以上より, ラグランジアン (Lagrangian) L は

$$L = T - V = \frac{1}{2} \int_0^\ell \Big\{\rho A\Big(\frac{\partial u}{\partial t}\Big)^2 - EA\Big(\frac{\partial u}{\partial x}\Big)^2\Big\} dx \tag{2.2.7}$$

となり, ハミルトン原理により作用積分 $\int_{t_0}^{t_1} Ldt$ が極値をとる時間経路, すなわち

$$\delta \int_{t_0}^{t_1} L \, dt = 0 \tag{2.2.8}$$

を計算すれば求める運動方程式を得ることができます。(2.2.8) は以下のようになります。

$$\delta \int_{t_0}^{t_1} \int_0^\ell \frac{1}{2}\Big\{\rho A\Big(\frac{\partial u}{\partial t}\Big)^2 - EA\Big(\frac{\partial u}{\partial x}\Big)^2\Big\} dxdt$$

$$= \int_{t_0}^{t_1} \int_0^\ell \Big\{\rho A \frac{\partial u}{\partial t}\delta\Big(\frac{\partial u}{\partial t}\Big) - EA\frac{\partial u}{\partial x}\delta\Big(\frac{\partial u}{\partial x}\Big)\Big\} dxdt$$

$$= \int_{t_0}^{t_1} \int_0^\ell \Big\{\rho A \frac{\partial u}{\partial t}\frac{\partial}{\partial t}(\delta u) - EA\frac{\partial u}{\partial x}\frac{\partial}{\partial x}(\delta u)\Big\} dxdt$$

ここで, 変分（variation）操作と独立変数に関する微分操作は交換可能なので上式のようになり, さらに, 第 1 項を時間に関して部分積分, 第 2 項を場所に関して部分積分すれば

$$
\begin{aligned}
&= \int_0^\ell \left\{ \rho A \delta u \frac{\partial u}{\partial t} \Big|_{t_0}^{t_1} - \int_{t_0}^{t_1} \rho A \delta u \frac{\partial^2 u}{\partial t^2} \, dt \right\} dx \\
&\quad - \int_{t_0}^{t_1} \left\{ EA \delta u \frac{\partial u}{\partial x} \Big|_0^\ell - \int_0^\ell EA \delta u \frac{\partial^2 u}{\partial x^2} \, dx \right\} dt \\
&= \int_{t_0}^{t_1} \int_0^\ell \left\{ -\rho A \frac{\partial^2 u}{\partial t^2} + EA \frac{\partial^2 u}{\partial x^2} \right\} \delta u \, dx \, dt \tag{2.2.9}
\end{aligned}
$$

下から 2 行目において $t = t_0, t_1$ および $x = 0, \ell$ で仮想変位 δu は 0 となることを使っています。結局, 任意の仮想変位に対して最後の式が 0 になる条件より (2.2.1) を得ます。

2.2.2 棒の縦振動：初期値境界値問題

さて, 棒の縦振動の問題は初期条件と境界条件を付加することにより, たとえばつぎのようになります。

$$
\begin{cases}
\rho \dfrac{\partial^2 u}{\partial t^2} - E \dfrac{\partial^2 u}{\partial x^2} = 0, \quad 0 < x < \ell, \ t > 0 \\
\text{初期条件：} u(x,0) = f(x), \dfrac{\partial u(x,0)}{\partial t} = g(x) \\
\text{境界条件：} u(0,t) = 0, \dfrac{\partial u(\ell,t)}{\partial x} = 0
\end{cases} \tag{2.2.10}
$$

この方程式 (2.2.10) は §2.1.3 で解説した変数分離法により同様にして解くことができます。未知関数 u を

$$
u(x,t) = \varphi(x)V(t) \tag{2.2.11}
$$

と書き, (2.2.11) を (2.2.10) 第 1 式に代入すると

$$
\frac{\rho}{E} \frac{1}{V} \frac{d^2 V}{dt^2} = \frac{1}{\varphi} \frac{d^2 \varphi}{dx^2} = -\lambda \tag{2.2.12}
$$

を得ます。上式の第 1 式は t だけの関数であり、また第 2 式は x だけの関数ですから、これらは定数となり、右辺のように置くことができます。ここで、$\lambda > 0$ としています[16]。(2.2.12) の第 2 式は

$$\frac{d^2\varphi}{dx^2} = -\lambda\varphi, \quad 0 < x < \ell \tag{2.2.13}$$

となり、境界条件 (2.2.10) 第 3 式を考慮すると $\sqrt{\lambda} = \dfrac{(2n+1)\pi}{2\ell}$ を得て、つぎのように φ を求めることができます。

$$\varphi(x) = a_n \sin\frac{(2n+1)\pi}{2\ell}x, \quad n = 0, 1, 2, \ldots \tag{2.2.14}$$

この段階では a_n はまだ任意定数です。

同様に、(2.2.12) の第 1 式

$$\frac{d^2V}{dt^2} = -\lambda\frac{E}{\rho}V, \quad 0 < t \tag{2.2.15}$$

より V を求めると

$$V(t) = b_n \sin\omega_n t + c_n \cos\omega_n t \tag{2.2.16}$$

$$\omega_n = \frac{(2n+1)\pi}{2\ell}\sqrt{\frac{E}{\rho}}, \quad n = 0, 1, 2, \ldots \tag{2.2.17}$$

を得ます。b_n, c_n も任意定数です。(2.2.14) と (2.2.16) より

$$u(x,t) = \left(A_n \sin\omega_n t + B_n \cos\omega_n t\right)\sin\frac{(2n+1)\pi}{2\ell}x, \quad n = 0, 1, 2, \ldots \tag{2.2.18}$$

を得ますが、重ね合わせの原理により最終的な解はつぎになります。

$$u(x,t) = \sum_{n=0}^{\infty}\left(A_n \sin\omega_n t + B_n \cos\omega_n t\right)\sin\frac{(2n+1)\pi}{2\ell}x \tag{2.2.19}$$

ここで、A_n と B_n は初期条件 (2.2.10) 第 2 式により

$$f(x) = \sum_{n=0}^{\infty}B_n \sin\frac{(2n+1)\pi}{2\ell}x, \; g(x) = \sum_{n=0}^{\infty}A_n\omega_n \sin\frac{(2n+1)\pi}{2\ell}x \tag{2.2.20}$$

[16] $\lambda \leq 0$ とすると、$V(t)$ は時間とともに増大する関数となり、現実の物理現象とは異なるためそのような解には興味がないということです。

と形式的に書くことができます。これらの式は正弦フーリエ級数になっていますが，右辺が左辺に収束するか否かがフーリエ級数展開（Fourier series expansion）の重要な課題になります。この課題を §3.3 で扱います。関数 f, g にある条件を課せば (2.2.20) の等号は右辺の無限級数が収束する意味での等号になり，係数 A_n, B_n は

$$A_n = \frac{2}{\omega_n \ell} \int_0^\ell g(x) \sin \frac{(2n+1)\pi}{2\ell} x \, dx \qquad (2.2.21)$$

$$B_n = \frac{2}{\ell} \int_0^\ell f(x) \sin \frac{(2n+1)\pi}{2\ell} x \, dx \qquad (2.2.22)$$

と表すことができます。(2.2.19) および (2.2.21), (2.2.22) により解析解は完全に与えられます。ちなみに，(2.2.17) は系のもつ固有振動数であり，(2.2.14) の正弦関数が区間分布を決定する形状関数（shape function）となります。

　たとえば，初期条件を $f(x) = \frac{x}{10^3}, g(x) = 0$ とすると

$$A_n = 0,$$

$$B_n = 2 \int_0^1 \frac{x}{10^3} \sin \frac{(2n+1)\pi}{2} x \, dx$$

$$= \begin{cases} \dfrac{2^3}{(2n+1)^2 \pi^2 10^3}, & n = 0, 2, 4, \dots \\ -\dfrac{2^3}{(2n+1)^2 \pi^2 10^3}, & n = 1, 3, 5, \dots \end{cases}$$

となり，結局この場合の境界条件と初期条件を満たす解析解は

$$u(x, t) = \sum_{n=0}^\infty B_n \cos \omega_n t \sin \frac{(2n+1)\pi}{2} x \qquad (2.2.23)$$

となります。(2.2.23) において $n = 5$ と $n = 500$ までを計算した結果を図 2.2.2 に示します。

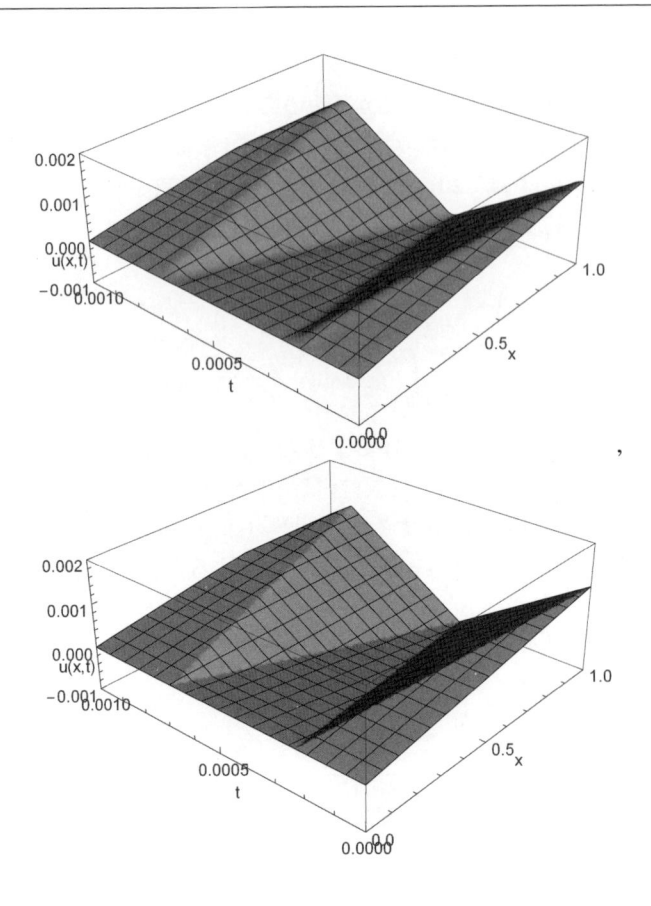

図 2.2.2: 図 2.2.1 における縦振動の解析解：棒のパラメータ（部材は鋳鉄）は $E = 152.3 \times 10^9 [\mathrm{N/m^2}]$（152.3[GPa]），$\rho = 7870[\mathrm{kg/m^3}]$, $\ell = 1[\mathrm{m}]$. x 軸が棒の空間座標, y 軸が時間, z 軸が縦振動の変位です。初期条件は $f(x) = \frac{x}{10^3}, g(x) = 0$ で, 上図が $n = 5$, 下図が $n = 500$ の場合です。

第II部

フーリエ解析

第3章 フーリエ級数

3.1 周期関数

すべての実数 x に対して定義された実数値関数 $f(x)$ を考えます。

$$f(x + p) = f(x) \quad \forall x \tag{3.1.1}$$

となる $p > 0$ が存在するとき, 関数 $f(x)$ は周期的 (periodic) であるといいます。また, 数 p を $f(x)$ の周期 (period) といいます。

例題 **3.1.1** (1) $\sin x$ は周期 2π の周期関数 $(\sin(x + 2\pi) = \sin x)$。
(2) 周期的でない関数の例:x ($x+p = x$ を満たすのは $p = 0$ のみ), $\log x$, $\sinh x$ など。■

注意 **3.1.1** p が $f(x)$ の周期なら $2p, 3p, 4p, \ldots$ も周期になる。なぜなら, 任意の x について $f(x+p) = f(x)$ が成立するから, この x に $x+p$ を代入すると

$$f(x + p + p) = f(x + p)$$

を得て, $f(x + p) = f(x)$ であるから結局

$$f(x + 2p) = f(x + p) = f(p)$$

となり, この式は周期 $2p$ をもつことを言っている。最小の周期を基本周期 (fundamental period) という。♣

3 角級数

$$a_0 + \sum_{n=1}^{\infty} (a_n \cos nx + b_n \sin nx) \quad a_i, b_i \in \mathbb{R} \text{ で定数} \tag{3.1.2}$$

において, それぞれの項は周期 2π をもっています。3 角級数 (3.1.2) が収束するならば, その和は周期 2π の関数になります。

問題 **3.1.1** p が $f(x)$ の周期なら一般に np $(n \in \mathbb{N})$ も周期になることを示せ。

問題 **3.1.2** 周期 p のすべての関数はベクトル空間（vector space）をつくる。すなわち, $f(x), g(x)$ が周期 p をもてば $h(x) = af(x) + bg(x)$, $a, b \in \mathbb{R}$ で定数 も周期 p をもつ。この事実を示せ。

問題 **3.1.3** a を定数, $f(x)$ を周期 p の周期関数とするとき, 等式

$$\int_0^p f(x)\,dx = \int_a^{a+p} f(x)\,dx$$

が成り立つ。このことを示せ（ヒント：等式

$$\int_a^{a+p} f(x)\,dx = \int_a^p f(x)\,dx + \int_p^{a+p} f(x)\,dx$$

の右辺第 2 項で $u = x - p$ と変数変換し, f の周期性を用いればよい）。

問題 **3.1.4** 関数 $f(x)$ は周期 2π の周期関数とする。次式で表される関数 $y = f(x)$ のグラフをかきなさい。

(1) $f(x) = x \ (-\pi < x < \pi)$ (2) $f(x) = x^3 \ (-\pi < x < \pi)$

(3) $f(x) = \cos x \ (-\pi < x < \pi)$ (4) $f(x) = |\sinh x| \ (-\pi < x < \pi)$

(5) $f(x) = e^x \ (-\pi < x < \pi)$ (6) $f(x) = \begin{cases} x & (-\pi < x < 0) \\ \pi - x & (0 < x < \pi) \end{cases}$

ノート **3.1.1** 日常生活のなかで現象が周期性をもつものはたくさんあります [7]。たとえば, 図 3.1.1 に示す振り子（simple pendulum）は重りをつるしてあるひもがたわまなく, 振れの支点 O の摩擦抵抗が 0 で, また重り m に対する空気抵抗もないものと仮定するとその振れ角 $\theta(t)$ （鉛直下方を 0[rad] として初期条件を $\theta(t_0) = 0 \,(\mathrm{mod}\,2\pi)$ としたとき）の支配方程式は

$$\ddot{\theta} + \frac{g}{\ell} \sin\theta = 0$$

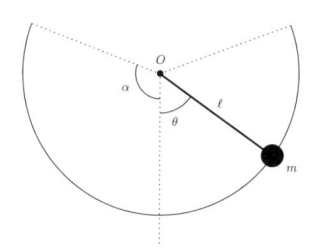

図 3.1.1: 振り子　ひもはたわまなく, 支点 O の摩擦抵抗は 0 で, また重り m に対する空気抵抗もないものと仮定する。振れ角は $\theta(t)$ で秤動角を α とする。

となります。　ここで, g, ℓ は重力加速度とひもの長さを示しています。この方程式の秤動[1]（libration）運動解は

$$\theta(t) = 2 \sin^{-1}\left(\pm k \operatorname{sn}\left(\sqrt{\frac{g}{\ell}}(t - t_0), k\right)\right)$$

で表されます。また, sn はヤコビ（Jacobi）の sn 関数[2] で, その母数 k は $k = \sin\frac{\alpha}{2}$ となり, $0 < \alpha \,(\operatorname{mod} 2\pi) < \pi$ は最大秤動角を示しています。また, この秤動運動解の周期 τ は

$$\tau = 4\sqrt{\frac{\ell}{g}}K(k)$$

で与えられます。

---

[1] 振り子が $-\pi < \theta \,(\operatorname{mod} 2\pi) < \pi$ の範囲での運動をいいます。

[2] $0 < k < 1$ として $-1 < x < 1$ のとき, $u = \int_0^x \frac{dx}{\sqrt{(1-x^2)(1-k^2 x^2)}}$ とおいて, その逆関数を $x = \operatorname{sn}(u, k)$ と書いてこれをヤコビの sn 関数といいます。また, cn 関数は $\operatorname{cn}(u, k) = \sqrt{1 - \operatorname{sn}^2(u, k)}$ で定義します。これらの関数の周期は $4K(k)$ で与えられます。$K(k)$ は第 1 種完全楕円積分を表し $K(k) = \int_0^1 \frac{dx}{\sqrt{(1-x^2)(1-k^2 x^2)}}$ です。sn 関数, cn 関数と 3 角関数とは $\operatorname{sn}(u, 0) = \sin u, \operatorname{sn}(u, 1) = \tanh u, \operatorname{cn}(u, 0) = \cos u, \operatorname{cn}(u, 1) = \operatorname{sech} u$ などの関係があります。

また, 捕食者–被捕食者モデル（predator–prey model）であるロトカ–ボル
テラ（Lotka-Volterra）方程式は捕食者 $y(t)$, 被捕食者 $x(t)$, $a, b, c, d > 0$ の定
数として

$$\begin{cases} \dot{x} = ax - bxy, \\ \dot{y} = -cy + dxy \end{cases}$$

で表されます。この解 x, y は正の初期値に対して x, y とも必ず正でかつ周期
解（その周期は解析的には表せない）になることが分かっています。◇

3.2　フーリエ級数

3.2.1　周期 2π の周期関数

定義 **3.2.1**　区間 $-\pi < x < \pi$ において積分可能な周期 2π の周期関数 $f(x)$
に対して

$$a_m = \frac{1}{\pi} \int_{-\pi}^{\pi} f(x) \cos mx \, dx \quad m = 0, 1, 2, \ldots \tag{3.2.1}$$

$$b_m = \frac{1}{\pi} \int_{-\pi}^{\pi} f(x) \sin mx \, dx \quad m = 1, 2, 3, \ldots \tag{3.2.2}$$

によって与えられる数 a_m, b_m をフーリエ係数（Fourier coefficient）とい
う。このとき

$$f(x) \sim \frac{a_0}{2} + (a_1 \cos x + b_1 \sin x) + (a_2 \cos 2x + b_2 \sin 2x) + \ldots$$
$$+ (a_m \cos mx + b_m \sin mx) + \ldots \tag{3.2.3}$$

と書き, 右辺の 3 角級数を $f(x)$ のフーリエ級数 と呼ぶ。

注意 **3.2.1**　定義 3.2.1 で記号 ～ の意味は (3.2.3) で右辺が必ずしも左辺に収束
しない場合があり, その意味で等式記号 = を用いないのである。フーリエ級
数で = が成立するときはどういうときなのかを調べるのがフーリエ級数論
の中心課題である。♣

まず, a_0 を求めましょう。(3.2.3) の等号が成り立つとして, 両辺を $-\pi$ から π まで積分します。

$$\int_{-\pi}^{\pi} f(x)\, dx = \int_{-\pi}^{\pi} \left\{ \frac{a_0}{2} + \sum_{n=1}^{\infty} (a_n \cos nx + b_n \sin nx) \right\} dx$$

$$= \int_{-\pi}^{\pi} \frac{a_0}{2}\, dx + \int_{-\pi}^{\pi} \sum_{n=1}^{\infty} (a_n \cos nx + b_n \sin nx)\, dx$$

この式の右辺第 2 項は級数の無限和の積分ですが, 項別積分（term–by–term integration）できるとします。すなわち,

$$\int_{-\pi}^{\pi} \sum_{n=1}^{\infty} (a_n \cos nx + b_n \sin nx)\, dx = \sum_{n=1}^{\infty} \int_{-\pi}^{\pi} (a_n \cos nx + b_n \sin nx)\, dx \quad (3.2.4)$$

を仮定します。すると上式右辺の積分は $n = 1, 2, 3, \ldots$ ですべて 0 になります。したがって, (3.2.1) において $m = 0$ での係数, すなわち, a_0 を得ます。

注意 **3.2.2** (3.2.4) が成立するためには, $\sum_{n=1}^{\infty} a_n \cos nx$ や $\sum_{n=1}^{\infty} b_n \sin nx$ が一様収束する必要がある。一様収束は極めて重要な概念である。§A.3 にて詳細を議論する。♣

つぎに a_n $(n = 1, 2, 3, \ldots)$ を求めましょう。(3.2.3) の両辺に $\cos mx$ (m は正の整数) をかけて $-\pi$ から π まで積分します。

$$\int_{-\pi}^{\pi} f(x) \cos mx\, dx = \int_{-\pi}^{\pi} \left\{ \frac{a_0}{2} + \sum_{n=1}^{\infty} (a_n \cos nx + b_n \sin nx) \right\} \cos mx\, dx$$

右辺を項別に積分すると

$$= \frac{a_0}{2} \int_{-\pi}^{\pi} \cos mx\, dx + \sum_{n=1}^{\infty} \left\{ a_n \int_{-\pi}^{\pi} \cos nx \cos mx\, dx \right.$$

$$\left. + b_n \int_{-\pi}^{\pi} \sin nx \cos mx\, dx \right\}$$

となり, 第 1 項の積分は 0 であり, 第 2 項と第 3 項は 3 角関数の公式を使い

$$= \sum_{n=1}^{\infty} \left\{ \frac{a_n}{2} \left(\int_{-\pi}^{\pi} \cos(n+m)x \, dx + \int_{-\pi}^{\pi} \cos(n-m)x \, dx \right) \right.$$
$$\left. + \frac{b_n}{2} \left(\int_{-\pi}^{\pi} \sin(n+m)x \, dx + \int_{-\pi}^{\pi} \sin(n-m)x \, dx \right) \right\}$$

を得ますが, ここで $n \neq m$ のときには積分はすべて 0 になり, $n = m$ のとき
には第 2 項の積分だけが 2π になり残りの積分はすべて 0 になります。した
がって, この事実より (3.2.1) の $n = 1, 2, 3, \ldots$ の場合を得ます。

　ここで, 3 角関数がもつもっとも重要な性質である直交性についてまとめ
ておきます。以下の関係式

$$\int_{-\pi}^{\pi} \cos mx \, dx = 0 \qquad (m = 1, 2, 3, \ldots)$$
$$\int_{-\pi}^{\pi} \sin mx \, dx = 0 \qquad (m = 1, 2, 3, \ldots)$$
$$\int_{-\pi}^{\pi} \cos mx \cos nx \, dx = \pi \delta_{mn} \quad (m, n = 1, 2, 3, \ldots)$$
$$\int_{-\pi}^{\pi} \sin mx \sin nx \, dx = \pi \delta_{mn} \quad (m, n = 1, 2, 3, \ldots)$$
$$\int_{-\pi}^{\pi} \cos mx \sin nx \, dx = 0, \qquad (m, n = 1, 2, 3, \ldots)$$

を 3 角関数の直交性といいます。δ_{mn} はクロネッカー（Kronecker）のデルタ
といわれる記号で

$$\delta_{mn} = \begin{cases} 1 & (m = n) \\ 0 & (m \neq n) \end{cases}$$

です。上 2 つの関係式は直接積分すればただちに求まります。それ以外の関
係式は加法定理と倍角の公式を用いれば容易に導くことができますのでこ
れらの導出は読者に委ねます。直交性の性質はフーリエ解析において, しば
しば利用されます。

注意 **3.2.3** フーリエ級数展開は 3 角関数以外でも直交関係がある関数系を用いて行うことができます。たとえば，ルジャンドル（Legendre）多項式は

$$P_n(x) = \frac{(-1)^n}{2^n n!} \frac{d^n}{dx^n} (1 - x^2)^n, \quad (n = 0, 1, 2, \ldots)$$

で表せます（$P_0(x) = 1$, $P_1(x) = x$, $P_2(x) = \frac{3x^2}{2} - \frac{1}{2}, \ldots$）が，つぎの直交性

$$\int_{-1}^1 P_m(x) P_n(x)\, dx = \frac{2}{2n + 1} \delta_{mn}$$

があります。そのほか，エルミート（Hermite）多項式やラゲール（Laguerre）多項式などがありますが，これらについては参考文献を参照ください。♣

問題 **3.2.1** (3.2.2) を同様にして導け（ヒント：(3.2.3) の両辺に $\sin mx$（m は正の整数）をかけて $-\pi$ から π まで積分する）。

例題 **3.2.1** 方形波（square wave）$k > 0$ として，つぎの周期 2π のフーリエ級数を求めましょう。

$$f(x) = \begin{cases} -k & (-\pi < x < 0) \\ k & (0 < x < \pi) \end{cases} \tag{3.2.5}$$

図 3.2.1 に方形波のグラフを示します。方形波は工学のさまざまな分野の外

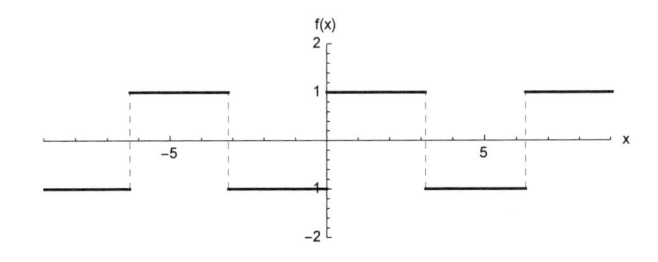

図 3.2.1: 周期 2π の方形波：(3.2.5) において $k = 1$ としています。

力に使われます。a_0 は (3.2.1) より

$$a_0 = \frac{1}{\pi}\Big\{ \int_{-\pi}^{0}(-k)\,dx + \int_{0}^{\pi}(k)\,dx \Big\} = 0$$

となります。a_n は同様に, (3.2.1) より

$$a_n = \frac{1}{\pi}\Big\{ \int_{-\pi}^{0}(-k)\cos nx\,dx + \int_{0}^{\pi}(k)\cos nx\,dx \Big\}$$
$$= \frac{1}{\pi}\Big\{ -k\frac{\sin nx}{n}\Big|_{-\pi}^{0} + k\frac{\sin nx}{n}\Big|_{0}^{\pi} \Big\} = 0$$

を得ます。b_n は (3.2.2) より

$$b_n = \frac{1}{\pi}\Big\{ \int_{-\pi}^{0}(-k)\sin nx\,dx + \int_{0}^{\pi}(k)\sin nx\,dx \Big\}$$
$$= \frac{1}{\pi}\Big\{ k\frac{\cos nx}{n}\Big|_{-\pi}^{0} - k\frac{\cos nx}{n}\Big|_{0}^{\pi} \Big\}$$
$$= \frac{2k}{n\pi}(1 - \cos n\pi)$$
$$= \begin{cases} 0 & (n：偶数) \\ \dfrac{4k}{n\pi} & (n：奇数) \end{cases}$$

となりますから, 結局方形波のフーリエ級数は

$$\frac{4k}{\pi}\sum_{n=1}^{\infty}\frac{1}{2n-1}\sin(2n-1)x = \frac{4k}{\pi}\Big(\sin x + \frac{1}{3}\sin 3x + \frac{1}{5}\sin 5x + \dots\Big) \quad (3.2.6)$$

で表されます。図 3.2.2 に $n = 1, 2, 3$ としたときのグラフ, さらに図 3.2.3 に $n = 20$ としたときを示しておきます。n を大きくするにつれて元の方形波に近づいていく様子がわかります。∎

注意 **3.2.4** 図 3.2.4 は方形波 (3.2.6) において $k = 1$ としたとき, $n = 1000$ までの部分和のグラフである。これを見てわかるように不連続点付近ではフーリエ多項式（Fourier polynomial）は激しく振動して, 結果的にあまりよい近似を与えていないことがわかる。この現象をギッブスの現象（Gibbs' phenomina）という。これはフーリエ級数が不連続点付近では一様収束（定理 3.3.3）しないことが原因である。♣

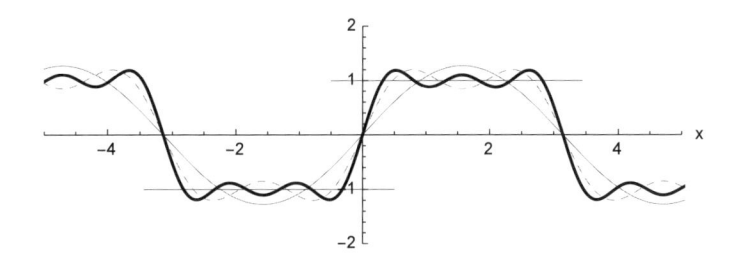

図 3.2.2: 方形波のフーリエ級数の部分和　(3.2.6) において $k = 1$ とし, $n = 1$（細実線）, $n = 2$（破線）, $n = 3$（太実線）としたときのグラフ。

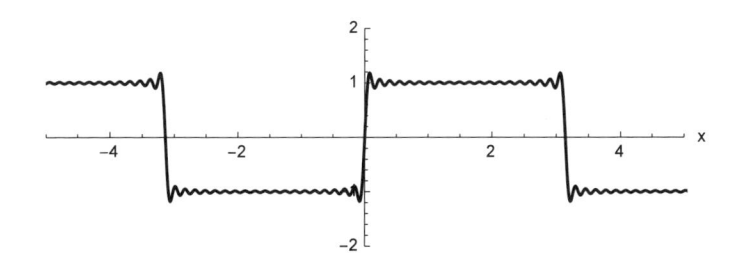

図 3.2.3: 方形波のフーリエ級数の部分和　(3.2.6) において $k = 1$ とし, $n = 20$ としたときのグラフ。

ライプニッツの級数（Leibniz series）

事実 3.2.1 つぎはライプニッツの級数といわれるものである。

$$1 - \frac{1}{3} + \frac{1}{5} - \frac{1}{7} + \ldots = \frac{\pi}{4} \tag{3.2.7}$$

これは, (3.2.6) に $x = \frac{\pi}{2}$ を代入し, この級数が $f(x)$ に等しいと仮定すれば, $f(x) = f(\frac{\pi}{2}) = k$ となることから容易に導くことができる。

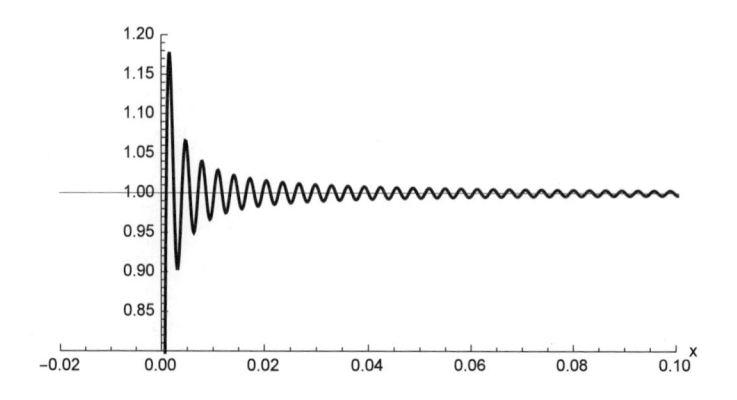

図 3.2.4: ギッブスの現象　(3.2.6) において $k = 1$ とし, $n = 1000$ とし
たときのグラフ。不連続点 ($x = 0$) 付近を拡大したもの。

注意 3.2.5 ライプニッツ[3]の級数 (3.2.7) を用いて π を計算することは推奨で
きない。第 n 項が $(-1)^{n-1}\frac{1}{2n-1}$ となり, この項までとっても $\frac{\pi}{4}$ との誤差の絶
対値は $\leq \frac{1}{2n+1}$ であり, 収束性は極めて緩慢なものだからである[4]。♣

例題 3.2.2 つぎの周期 2π の関数 $f(x)$ のフーリエ級数を求めましょう。

$$f(x) = x \quad (-\pi < x < \pi) \tag{3.2.8}$$

例題 3.2.1 と同様にしてフーリエ係数を求めると

$$a_0 = 0, \quad a_n = 0 \ (n = 1, 2, 3, \ldots), \quad b_n = \begin{cases} \dfrac{2}{n} & (n : 奇数) \\[2mm] -\dfrac{2}{n} & (n : 偶数) \end{cases}$$

---

[3]Gottfried Wilhelm Leibniz（1646–1716）：ニュートンと共に微積分学を結晶させ, 哲学や法
学にも多彩な能力を発揮した。現在の微積分の記号のほとんどは彼によるものである。

[4]π を計算する級数は数多くあります。興味のある読者は調べられるとよい。112 頁のバー
ゼル問題にかかわるオイラーの級数もその 1 つです。

となります。したがって, (3.2.8) のフーリエ級数は

$$\sum_{n=1}^{\infty} \frac{(-1)^{n+1} \cdot 2}{n} \sin nx = 2 \sin x - \sin 2x + \frac{2}{3} \sin 3x - \frac{1}{2} \sin 4x + \ldots \quad (3.2.9)$$

で表されます。図 3.2.5 に (3.2.8) のグラフ, さらに図 3.2.6 に (3.2.9) におい
て $n = 1, 5, 30$ としたときのグラフを示しておきます。■

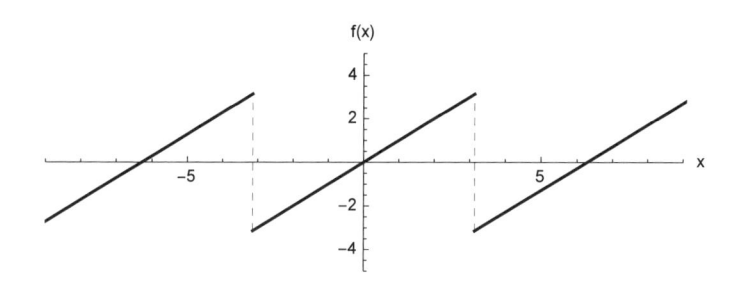

図 3.2.5: 周期 2π の関数 $f(x) = x$ $(-\pi < x < \pi)$ のグラフ。

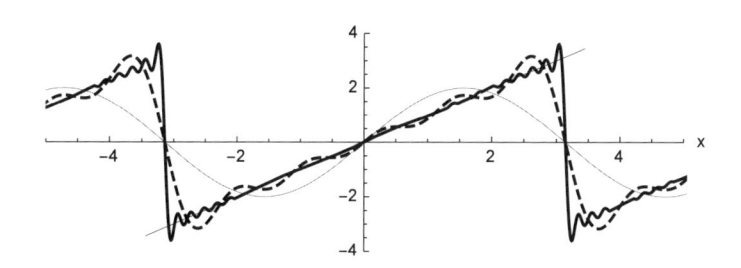

図 3.2.6: (3.2.9) において $n = 1$（細実線）, $n = 5$（破線）, $n = 30$（太
実線）としたときのグラフ。

問題 **3.2.2** (3.2.9) を求めよ。

3.2.2 偶関数と奇関数

$-\infty < x < \infty$ で定義された関数 $f(x)$ は，すべての x に対して $f(-x) = f(x)$ が成り立つとき偶関数（even function），$f(-x) = -f(x)$ が成り立つとき奇関数（odd function）であるといわれます。$f(x)$ が周期 2π の周期関数で，さらに偶関数あるいは奇関数のとき，そのフーリエ級数がどのようになるか調べてみましょう。

$f(x)$ が偶関数のとき $f(x) \cos nx$ は偶関数，$f(x) \sin nx$ は奇関数ですから，フーリエ係数は

$$a_0 = \frac{1}{\pi} \int_{-\pi}^{\pi} f(x)\, dx = \frac{2}{\pi} \int_0^{\pi} f(x)\, dx,$$

$$a_n = \frac{1}{\pi} \int_{-\pi}^{\pi} f(x) \cos nx\, dx = \frac{2}{\pi} \int_0^{\pi} f(x) \cos nx\, dx,$$

$$b_n = \frac{1}{\pi} \int_{-\pi}^{\pi} f(x) \sin nx\, dx = 0$$

となります。$f(x)$ が奇関数のときは $f(x) \cos nx$ は奇関数，$f(x) \sin nx$ は偶関数ですから，同様にして $a_n = 0\,(n \geq 0)$, $b_n = \dfrac{2}{\pi} \int_0^{\pi} f(x) \sin nx\, dx\ (n \geq 1)$ となります。よって，次の結果を得ます。

$f(x)$ を周期 2π の周期関数とする。もし $f(x)$ が偶関数ならば，そのフーリエ級数は

$$\frac{a_0}{2} + \sum_{n=1}^{\infty} a_n \cos nx, \tag{3.2.10}$$

$$\text{ただし} \quad a_n = \frac{2}{\pi} \int_0^{\pi} f(x) \cos nx\, dx \quad (n = 0, 1, 2, \dots)$$

で与えられる。もし $f(x)$ が奇関数ならば，そのフーリエ級数は

$$\sum_{n=1}^{\infty} b_n \sin nx, \tag{3.2.11}$$

$$\text{ただし} \quad b_n = \frac{2}{\pi} \int_0^{\pi} f(x) \sin nx\, dx \quad (n = 1, 2, 3, \dots)$$

で与えられる。

注意 **3.2.6** (3.2.10) の級数を余弦フーリエ級数（Fourier cosine series）, (3.2.11) の級数を正弦フーリエ級数（Fourier sine series）という。♣

3.2.3 一般の周期関数

次に $f(x)$ を周期 $p\,(>0)$ の周期関数とするとき, $f(x)$ のフーリエ級数を求めてみましょう。いま, $t = \frac{2\pi}{p}x$ とおいて, 関数 $g(t)$ を $g(t) = f(\frac{p}{2\pi}t)$ により定めると, $g(t)$ は周期 2π の周期関数となります。$g(t)$ のフーリエ級数は

$$\frac{a_0}{2} + \sum_{n=1}^{\infty}(a_n \cos nt + b_n \sin nt),$$

$$\text{ただし,} \quad \begin{cases} a_n = \dfrac{1}{\pi}\displaystyle\int_{-\pi}^{\pi} g(t)\cos nt\,dt & (n = 0, 1, 2, \dots), \\ b_n = \dfrac{1}{\pi}\displaystyle\int_{-\pi}^{\pi} g(t)\sin nt\,dt & (n = 1, 2, 3, \dots) \end{cases}$$

で与えられますから, t を x に変数変換することにより, つぎを得ることができます。

周期 p の周期関数 $f(x)$ のフーリエ級数は

$$\frac{a_0}{2} + \sum_{n=1}^{\infty}\left(a_n \cos\frac{2n\pi}{p}x + b_n \sin\frac{2n\pi}{p}x\right), \tag{3.2.12}$$

$$\text{ただし,} \quad \begin{cases} a_n = \dfrac{2}{p}\displaystyle\int_{-p/2}^{p/2} f(x)\cos\frac{2n\pi}{p}x\,dx & (n = 0, 1, 2, \dots), \\ b_n = \dfrac{2}{p}\displaystyle\int_{-p/2}^{p/2} f(x)\sin\frac{2n\pi}{p}x\,dx & (n = 1, 2, 3, \dots) \end{cases} \tag{3.2.13}$$

で与えられる。

注意 **3.2.7** (1) フーリエ係数 a_0, a_n, b_n の右辺の積分区間は, 幅が p ならばどの区間でもよい。

(2) 一般の周期関数についても, 偶関数のフーリエ級数は余弦フーリエ級数, 奇関数のフーリエ級数は正弦フーリエ級数となる。♣

例題 **3.2.3** つぎの周期 1 の周期関数 $f(x) = |x| (|x| \leq 1/2)$ のフーリエ級数を求めましょう。$f(x)$ は偶関数ですから, まず $b_n = 0 (n \geq 1)$ となります。つぎに, $a_0, a_n (n \geq 1)$ については, $p = 1$ なので

$$a_0 = \frac{2}{1} \int_{-1/2}^{1/2} |x| \, dx = \frac{4}{1} \int_0^{1/2} x \, dx = \frac{1}{2},$$

$$a_n = \frac{2}{1} \int_{-1/2}^{1/2} |x| \cos 2n\pi x \, dx = \frac{4}{1} \int_0^{1/2} x \cos 2n\pi x \, dx = \frac{(-1)^n - 1}{n^2 \pi^2} \quad (n \geq 1)$$

を得ます。よって, 求めるフーリエ級数は

$$\frac{1}{4} + \frac{1}{\pi^2} \sum_{n=1}^{\infty} \frac{(-1)^n - 1}{n^2} \cos 2n\pi x = \frac{1}{4} - \frac{2}{\pi^2} \left(\cos 2\pi x + \frac{\cos 6\pi x}{3^2} + \frac{\cos 10\pi x}{5^2} + \ldots \right)$$

となります。図 3.2.7 に周期 1 の周期関数 $f(x) = |x| (|x| \leq 1/2)$ と $n = 2$ としたときのフーリエ級数の部分和を示します。■

問題 **3.2.3** 与えられた周期をもつつぎの周期関数 $y = f(x)$ のグラフをかき, また $f(x)$ のフーリエ級数を求めよ。

(1) $f(x) = \begin{cases} 2 & (-\pi < x \leq 0 \text{ のとき}) \\ -2 & (0 < x \leq \pi \text{ のとき}) \end{cases}$ 周期 2π

(2) $f(x) = \begin{cases} -1 & (-\pi < x \leq 0 \text{ のとき}) \\ 2 & (0 < x \leq \pi \text{ のとき}) \end{cases}$ 周期 2π

(3) $f(x) = \begin{cases} -1 & (-\pi \leq x < -\pi/2 \text{ のとき}) \\ 0 & (-\pi/2 \leq x < 0 \text{ 又は } \pi/2 \leq x < \pi \text{ のとき}) \\ 1 & (0 \leq x < \pi/2 \text{ のとき}) \end{cases}$ 周期 2π

(4) $f(x) = \begin{cases} 0 & (-1/2 \leq x < 0 \text{ 又は } 1/4 \leq x < 1/2 \text{ のとき}) \\ 1 & (0 \leq x < 1/4 \text{ のとき}) \end{cases}$ 周期 1

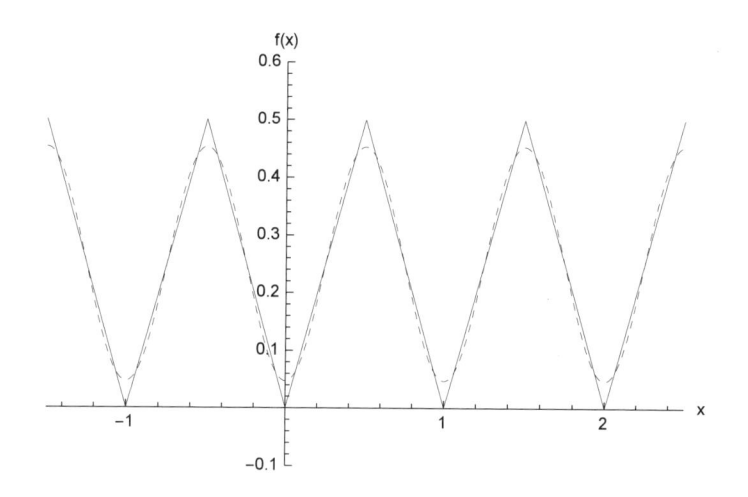

図 3.2.7: 例題 3.2.3　周期 1 の周期関数 $f(x) = |x|\,(|x| \le 1/2)$（実線）と $n = 2$ としたときのフーリエ級数（破線）。

(5) $f(x) = \begin{cases} 0 & (-1/2 < x \le -1/4 \text{ 又は } 1/4 < x \le 1/2 \text{ のとき}) \\ 1 & (-1/4 < x \le 0 \text{ のとき}) \\ -1 & (0 < x \le 1/4 \text{ のとき}) \end{cases}$　　　周期 1

(6) $f(x) = \begin{cases} 0 & (-2 \le x < -1 \text{ 又は } 1 \le x < 2 \text{ のとき}) \\ 1 & (-1 \le x < 1 \text{ のとき}) \end{cases}$　　　周期 4

(7) $f(x) = \begin{cases} -\pi & (-\pi/2 < x \le -\pi/4 \text{ のとき}) \\ \pi & (-\pi/4 < x \le \pi/2 \text{ のとき}) \end{cases}$　　　周期 π

(8) $f(x) = \begin{cases} 0 & (0 \le x < \pi/2 \text{ 又は } 3\pi/2 \le x < 2\pi \text{ のとき}) \\ 1 & (\pi/2 \le x < \pi \text{ のとき}) \\ -1 & (\pi \le x < 3\pi/2 \text{ のとき}) \end{cases}$　　　周期 2π

問題 **3.2.4** 与えられた周期をもつつぎの周期関数 $y = f(x)$ のグラフをかき，また $f(x)$ のフーリエ級数を求めよ。

(1) $f(x) = x \quad \left(-\dfrac{1}{2} \le x < \dfrac{1}{2} \right)$　周期 1

(2) $f(x) = \begin{cases} 0 & (-\pi < x \le 0 \text{ のとき}) \\ \pi - x & (0 < x \le \pi \text{ のとき}) \end{cases}$　周期 2π

(3) $f(x) = |x| \quad (-\pi \le x < \pi)$　　　周期 2π

(4) $f(x) = x^2 \quad (-1/2 \le x < 1/2)$　周期 1

(5) $f(x) = x \quad (0 \le x < 2)$　　　　周期 2

(6) $f(x) = \dfrac{\pi - x}{2} \quad (0 < x \le 2\pi)$　　周期 2π

(7) $f(x) = x^2 \quad (0 \le x < 1)$　　　　周期 1

(8) $f(x) = |\sin x|$　　　　　　　　周期 π

3.2.4　複素フーリエ級数

　ここでは，周期関数 $f(x)$ のフーリエ級数を指数関数 e^{ix}（i は虚数単位）を用いて表すことを考えます。簡単のため，$f(x)$ の周期は 2π とします。$f(x)$ のフーリエ級数は

$$\frac{a_0}{2} + \sum_{n=1}^{\infty} (a_n \cos nx + b_n \sin nx),$$

ただし，フーリエ係数は

$$a_n = \frac{1}{\pi} \int_{-\pi}^{\pi} f(x) \cos nx \, dx \quad (n = 0, 1, 2, \dots),$$
$$b_n = \frac{1}{\pi} \int_{-\pi}^{\pi} f(x) \sin nx \, dx \quad (n = 1, 2, 3, \dots)$$

でした。いま

$$c_0 = \frac{a_0}{2}, \quad c_n = \frac{a_n - ib_n}{2}, \quad c_{-n} = \frac{a_n + ib_n}{2} \ (n = 1, 2, 3, \dots)$$

とおくと, オイラーの公式 $e^{i\theta} = \cos\theta + i\sin\theta$ より

$$a_n \cos nx + b_n \sin nx = c_n e^{inx} + c_{-n} e^{-inx} \quad (n = 1, 2, 3, \ldots) \tag{3.2.14}$$

が成り立つことがわかります。よって, フーリエ級数について

$$a_0 + \sum_{n=1}^{\infty}(a_n \cos nx + b_n \sin nx) = c_0 + \sum_{n=1}^{\infty}(c_n e^{inx} + c_{-n} e^{-inx})$$

$$= \sum_{n=-\infty}^{\infty} c_n e^{inx} \tag{3.2.15}$$

が得られます。一方

$$c_0 = \frac{a_0}{2} = \frac{1}{2\pi} \int_{-\pi}^{\pi} f(x)\,dx$$

であり, $n = 1, 2, 3, \ldots$ のとき

$$c_n = \frac{1}{2}(a_n - ib_n) = \frac{1}{2\pi} \int_{-\pi}^{\pi} f(x)e^{-inx}\,dx,$$

すなわち, $c_n = \frac{1}{2\pi}\int_{-\pi}^{\pi} f(x)e^{-inx}\,dx$ $(n = 1, 2, 3, \ldots)$ となります。同様にして, $n = -1, -2, -3, \ldots$ に対し $c_n = \frac{1}{2\pi}\int_{-\pi}^{\pi} f(x)e^{-inx}\,dx$ も得られます。以上より, つぎのことがわかります。

周期 2π の周期関数 $f(x)$ のフーリエ級数はつぎの式で表すことができる。

$$f(x) \sim \sum_{n=-\infty}^{\infty} c_n e^{inx}, \tag{3.2.16}$$

$$c_n = \frac{1}{2\pi} \int_{-\pi}^{\pi} f(x)e^{-inx}\,dx \quad (n = 0, \pm 1, \pm 2, \ldots) \tag{3.2.17}$$

級数 (3.2.16) を $f(x)$ の複素フーリエ級数 (complex Fourier series) といい, 係数 (3.2.17) を $f(x)$ の複素フーリエ係数 (complex Fourier coefficient) といいます。

注意 **3.2.8** (3.2.14) より，フーリエ級数の部分和は

$$S_k(x) = a_0 + \sum_{n=1}^{k} (a_n \cos nx + b_n \sin nx)$$

$$= c_0 + \sum_{n=1}^{k} (c_n e^{inx} + c_{-n} e^{-inx}) = \sum_{n=-k}^{k} c_n e^{inx}$$

である。したがって，級数 $\sum_{n=-\infty}^{\infty} c_n e^{inx}$ の収束は対称和の極限である $\lim_{k\to\infty} \sum_{n=-k}^{k} c_n e^{inx}$ を考える。♣

注意 **3.2.9** 周期 p の周期関数 $f(x)$ の複素フーリエ級数は

$$f(x) \sim \sum_{n=-\infty}^{\infty} c_n e^{\frac{2\pi i n}{p} x}, \tag{3.2.18}$$

$$c_n = \frac{1}{p} \int_{-p/2}^{p/2} f(x) e^{-\frac{2\pi i n}{p} x} \, dx \quad (n = 0, \pm 1, \pm 2, \dots)$$

である。♣

問題 **3.2.5** (3.2.18) を証明せよ。

3.2.5 有限区間上の関数のフーリエ級数

これまでは周期関数のフーリエ級数について考察してきました。ここでは有限区間で定義された関数のフーリエ級数を定義します。このことは，たとえば第 2 章で扱った熱方程式や波動方程式のような偏微分方程式を解く際に必要になります（(2.1.21) を参照）。$a > 0$ とし，$f(x)$ を有限区間 $0 \le x \le a$ で定義された関数とします。$f(x)$ に対し，関数 $f_{\text{even}}(x)$, $f_{\text{odd}}(x)$ を

$$f_{\text{even}}(x) = \begin{cases} f(-x), & (-a \le x < 0) \\ f(x) & (0 \le x < a) \end{cases},$$

$$f_{\text{odd}}(x) = \begin{cases} -f(-x), & (-a \le x < 0) \\ f(x) & (0 \le x < a) \end{cases}$$

と定義します。つぎに $f_{\mathrm{even}}(x)$ を周期 $2a$ の周期関数になるように全区間 $(-\infty, \infty)$ に拡張します。このようにして得られた関数は偶関数かつ周期 $2a$ の周期関数となりますが, この周期関数のフーリエ級数を $f(x)$ の余弦フーリエ級数と定義します。同様に $f_{\mathrm{odd}}(x)$ を周期 $2a$ の周期関数に拡張すると奇関数になりますが, そのフーリエ級数を $f(x)$ の正弦フーリエ級数と定義します。$f(x)$ の拡張のしかたによって得られる級数は異なることに注意しましょう。どちらの級数を用いるかはそのときの状況に応じて判断します。有限区間の関数から $(-\infty, \infty)$ に拡張するイメージ図を図 3.2.8~ 図 3.2.10 に示します。

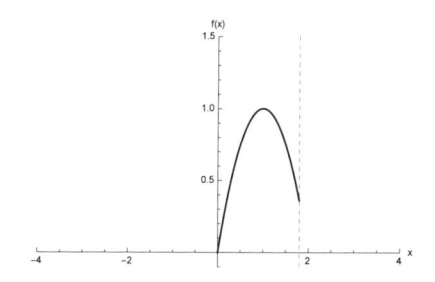

図 3.2.8: 関数 $f(x)$：有限区間 $0 \le x \le a$ で定義された関数のイメージ図。

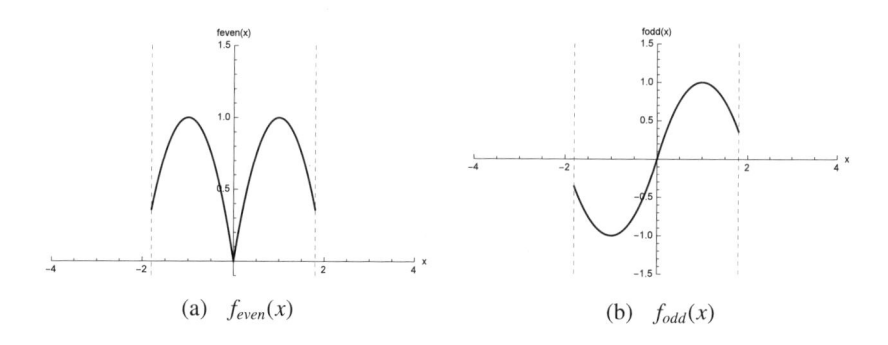

(a) $f_{even}(x)$　　　　　　　　(b) $f_{odd}(x)$

図 3.2.9: 図 3.2.8 の関数から得られた $f_{\mathrm{even}}(x)$ と $f_{\mathrm{odd}}(x)$.

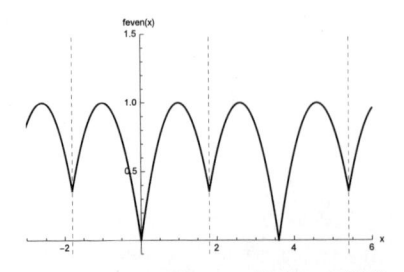
(a) $f_{\text{even}}(x)$ を周期 $2a$ に拡張した関数。

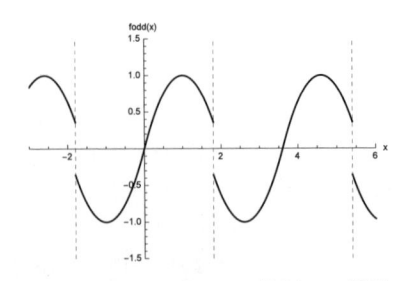
(b) $f_{\text{odd}}(x)$ を周期 $2a$ に拡張した関数。

図 3.2.10: 図 D.1.2 の関数を周期 $2a$ の関数に拡張した図。

例題 **3.2.4** 関数 $f(x) = x\ (0 \le x \le 1/2)$ の余弦フーリエ級数と正弦フーリエ
級数を求めます。$f_{\text{even}}(x) = |x|\ (-1/2 \le x < 1/2)$ ですから, これを拡張して得
られる周期 1 の周期関数は例題 3.2.3 の $f(x)$ と一致します。したがって, 求
める余弦フーリエ級数は

$$\frac{1}{4} + \frac{1}{\pi^2} \sum_{n=1}^{\infty} \frac{(-1)^n - 1}{n^2} \cos 2n\pi x$$

となります。つぎに $f_{\text{odd}}(x) = x\ (-1/2 \le x < 1/2)$ より, これを拡張して得ら
れる周期 1 の周期関数は問題 3.2.4(1) の $f(x)$ と一致します。したがって, 求
める正弦フーリエ級数は

$$\frac{1}{\pi} \sum_{n=1}^{\infty} \frac{(-1)^{n+1}}{n} \sin 2n\pi x$$

となります。■

問題 **3.2.6** つぎの関数の余弦フーリエ級数を求めよ。
(1) $f(x) = \frac{\pi}{2} - x \quad (0 \le x \le \pi)$
(2) $f(x) = x(1 - x) \quad (0 \le x \le 1)$

問題 **3.2.7** つぎの関数の正弦フーリエ級数を求めよ。

(1) $f(x) = \frac{\pi}{2} - x \quad (0 \le x \le \pi)$

(2) $f(x) = x(1 - x) \quad (0 \le x \le 1)$

フーリエはフランスはもとより欧州全域に大きな新たな体制への変化をもたらした時代に生きました。同時期にはイギリスで始まった産業革命（1760 年代～1830 年代）があります。片や当時の日本は 10 代将軍徳川家治や 11 代将軍徳川家斉の時代で江戸中期, 田沼意次の重商主義や松平定信の寛政の改革があった時代です。科学の大きな足跡としては, 杉田玄白らによる「解体新書」の刊行（1774 年）や伊能忠敬の日本全国の測量 (1816 年) がありますが, 世界の体制や技術革新の変化に比べて日本はまだ眠りの中にあったといえましょう。

3.3　フーリエ級数の収束性と連続性

3.3.1　区分的に連続な関数

> **定義 3.3.1** ある 1 変数の関数が有限なある区間で区分的に連続（piece-wise continuous）であるというのは，その区間を適当な有限個の区間に分けたとき，そのおのおのの内部では連続であり，また内部から両端に近づいたときの極限値が存在することである。また，有限でない区間で区分的に連続であるとはその区間に含まれる任意の有限区間で区分的に連続であることである。

関数 $f(x)$ が区分的に連続である区間内の点 $x = a$ では左極限

$$\lim_{h \to 0} f(a + h) = f(a + 0) \quad (h > 0) \tag{3.3.1}$$

と右極限

$$\lim_{h \to 0} f(a - h) = f(a - 0) \quad (h > 0) \tag{3.3.2}$$

が存在し，$f(a + 0) \neq f(a - 0)$ ならば $x = a$ で $f(x)$ は不連続であり，連続ならば $f(a + 0) = f(a - 0) = f(a)$ となるということです。

> **定義 3.3.2** $f(x)$ と $f'(x)$ がともに区分的に連続であるとき，$f(x)$ は区分的になめらか（piecewise smooth）であるという。

例題 3.3.1 関数

$$f(x) = |x|, \quad -\pi < x < \pi$$

は，区間 $(-\pi, \pi)$ で区分的になめらかである。
　（理由）f は区間 $(-\pi, \pi)$ で連続であり，かつ，f' も区分的に連続である（$x = 0$ でのみ不連続）。よって，f は区分的になめらかである。∎

例題 **3.3.2** 関数

$$f(x) = \begin{cases} x^2, & -1 < x < 0 \\ 1 + x^2, & 0 \le x < 1 \end{cases}$$

は, 区間 $(-1, 1)$ で区分的になめらかである。

（理由）f は区間 $(-1, 1)$ において区分的に連続（$x = 0$ を除いて連続）であり, かつ, f' は連続である。よって, f は区分的になめらかである。■

例題 **3.3.3** 関数

$$f(x) = \begin{cases} -\ln(\pi - x), & 0 \le x < \pi \\ \pi, & \pi \le x < 2\pi \end{cases}$$

は, 区間 $(0, 2\pi)$ で区分的に連続ではない。したがって, 区分的になめらかでもない。

（理由）f は $x \to \pi - 0$ で無限大となり $x = \pi$ で右極限値が存在しないため区分的に連続ではない。■

図 3.3.1 の (1)〜(3) に例題 3.3.1〜例題 3.3.3 のグラフを示します。

例題 **3.3.4** 例題 3.2.1 の方形波は $-\infty < x < \infty$ で区分的になめらかである。■

問題 **3.3.1** 例題 3.3.4 の理由を述べよ。また, $x = 0$ における左極限と右極限を求めよ。

問題 **3.3.2** 図 3.3.1 の (4) は $f(x) = \sqrt{|x|}$ のグラフである。この関数が区分的になめらかかどうか考察し, その理由を述べよ。

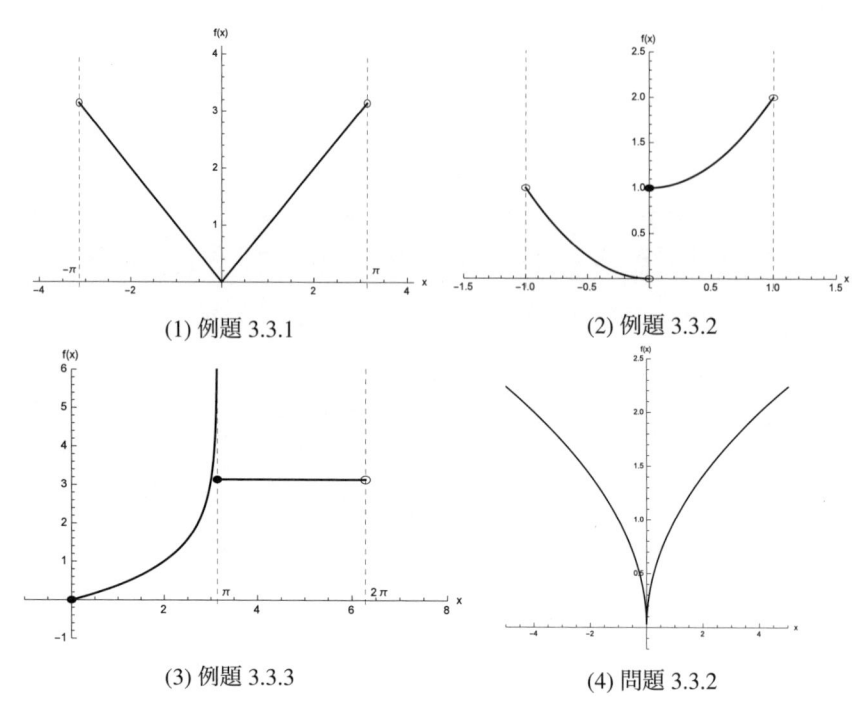

(1) 例題 3.3.1　　　　　　　　　　　　(2) 例題 3.3.2

(3) 例題 3.3.3　　　　　　　　　　　　(4) 問題 3.3.2

図 3.3.1: 例題 3.3.1〜 例題 3.3.3 および問題 3.3.2 のグラフ

3.3.2　近似式としてのフーリエ多項式

　本節ではフーリエ級数の部分和を考え, フーリエ級数が収束しない場合で
も部分和であるフーリエ多項式は近似式としての事実 3.3.1 のような意味
をもっていることをみていきましょう。まず, フーリエ多項式の定義を述べ
ます。

定義 **3.3.3** 周期 2π の周期関数 $f(x)$ に対し, $f(x)$ のフーリエ級数の部分和

$$S_n(x) = \frac{a_0}{2} + (a_1 \cos x + b_1 \sin x) + (a_2 \cos 2x + b_2 \sin 2x) + \dots$$
$$+ (a_n \cos nx + b_n \sin nx) \qquad (3.3.3)$$

を $f(x)$ のフーリエ多項式という。

$f(x)$ は周期 2π の周期関数とし, この関数に対して 3 角多項式

$$T_n(x) = A_0 + (A_1 \cos x + B_1 \sin x) + (A_2 \cos 2x + B_2 \sin 2x)$$
$$+ \dots + (A_n \cos nx + B_n \sin nx)$$

が最小 2 乗法におけるつぎの平均 **2** 乗誤差 (mean square error)

$$E_n = \frac{1}{2\pi} \int_{-\pi}^{\pi} \Big(f(x) - T_n(x)\Big)^2 dx$$

を最小にする A_i, B_i を求める問題, すなわち

$$\min_{A_i, B_i} E_n$$

を考えます。任意の一つの係数 $A_m \, (1 \le m \le n)$ に着目して

$$T_n^{\star}(x) = T_n(x) - A_m \cos mx$$

とおけば, E_n は

$$E_n = \frac{1}{2\pi} \int_{-\pi}^{\pi} \Big(f(x) - T_n^{\star}(x) - A_m \cos mx\Big)^2 dx$$
$$= \frac{1}{2\pi} \int_{-\pi}^{\pi} \Big(f(x) - T_n^{\star}(x)\Big)^2 dx - \frac{A_m}{\pi} \int_{-\pi}^{\pi} \Big(f(x) - T_n^{\star}(x)\Big) \cos mx \, dx$$
$$+ \frac{A_m^2}{2\pi} \int_{-\pi}^{\pi} \cos^2 mx \, dx$$

と表すことができます．上式において $T_n^\star(x)$ は $\cos mx$ を含んでいないので 3 角関数の直交関係により

$$\int_{-\pi}^{\pi} T_n^\star(x) \cos mx\, dx = 0$$

となり，また $\frac{1}{\pi} \int_{-\pi}^{\pi} f(x) \cos mx\, dx$ は a_m ですから（(3.2.1)）E_n は

$$E_n = \frac{1}{2\pi} \int_{-\pi}^{\pi} \left(f(x) - T_n^\star(x)\right)^2 dx - a_m A_m + \frac{1}{2} A_m^2$$

$$= \frac{1}{2\pi} \int_{-\pi}^{\pi} \left(f(x) - T_n^\star(x)\right)^2 dx - \frac{1}{2} a_m^2 + \frac{1}{2}(A_m - a_m)^2$$

となり，上式は A_m に関する 2 次関数であり，これが最小になるのは $A_m = a_m$ のときであることがわかります．同様にして $A_0 = \frac{a_0}{2}, B_m = b_m$ を得ることができます．以上をまとめるとつぎの結果になります．

フーリエ多項式は最良近似 3 角多項式

事実 3.3.1 フーリエ多項式は最小 2 乗法の意味で最良の近似 3 角多項式である．

3.3.3　フーリエ係数の大きさ：リーマン・ルベーグの定理

いま，$f(x)$ を $x \in I = [a, b]$ で区分的に連続とすると区間 I で有界[5]（bounded）であり，次式が成り立ちます．

$$\left| \int_a^b f(x) \cos \nu x\, dx \right| \le \int_a^b |f(x) \cos \nu x|\, dx \le \int_a^b |f(x)|\, dx < M(a - b)$$

したがって，つぎの事実が成り立ちます．

---

[5]ある定数 M があって I 内のすべての点で $|f(x)| < M$ となること．

> ┌ フーリエ係数は有界 ─────────
>
> **事実 3.3.2** $f(x)$ が $x \in I = [a,b]$ で区分的に連続ならば
>
> $$\int_a^b f(x) \cos \nu x \, dx, \quad \int_a^b f(x) \sin \nu x \, dx$$
>
> はいずれも ν に関して有界である。よって，$f(x)$ のフーリエ係数は有界である。

つぎにフーリエ級数論において重要な役割を果たすリーマン・ルベーグ (Riemann–Lebesque) の定理を述べます。

> ┌ リーマン・ルベーグ ─────────
>
> **定理 3.3.1** $f(x)$ が $x \in I = [a,b]$ で区分的になめらかならば
>
> $$\lim_{\nu \to \infty} \int_a^b f(x) \cos \nu x \, dx = 0, \tag{3.3.4}$$
>
> $$\lim_{\nu \to \infty} \int_a^b f(x) \sin \nu x \, dx = 0 \tag{3.3.5}$$
>
> となる。したがって，$f(x)$ のフーリエ係数は 0 に収束する。

[証明のあらすじ] $f(x)$ が $x \in I = [a,b]$ で連続 で区分的になめらかとすると，$f'(x)$ も区分的に連続になり，したがって，$f'(x) \cos \nu x$ は積分可能となり

$$\int_a^b f(x) \cos \nu x \, dx = f(x) \frac{\sin \nu x}{\nu} \Big|_{a+0}^{b-0} - \frac{1}{\nu} \int_a^b f'(x) \sin \nu x \, dx \quad (\nu \neq 0) \tag{3.3.6}$$

が得られ，ここで $\nu \to \infty$ とすれば (3.3.4) を得ることができます。(3.3.5) も同様です。また，$f(x)$ が連続でなければ連続である各閉区間について (3.3.6) が成り立つので定理の帰結が得られます。□

ノート 3.3.1 リーマン・ルベーグの定理 3.3.1 はフーリエ級数の収束性の議論において重要な役割を果たすことは前にも述べましたが，この定理の意

味合いを考えてみましょう。図 3.3.2 の左図は $f(x) = x + 2\sin x$（破線）と $f(x)\sin nx\,(n = 20)$（実線）を描いたものです。$\sin nx$ の搬送波を $f(x)$ で振幅変調したものが $f(x)\sin nx$ に相当します。$\int_1^5 f(x)\sin nx\,dx\,(n = 20)$ は同図の斜線をつけた面積の和になります。n が大きいときには斜線部の正の部分と負の部分がほぼ打ち消し合うようになることがわかります。右の図は n が 400 までの積分の絶対値の収束具合を観察したものです。この場合は $\frac{1}{n}$ のオーダーで 0 に収束します。◇

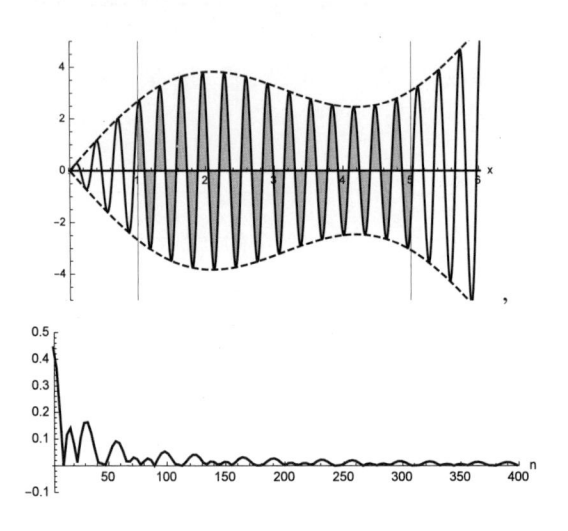

図 3.3.2: リーマン・ルベーグの定理の意味合い　　上図：$f(x) = x + 2\sin x$（破線）と $f(x)\sin nx\,(n = 20)$（実線），下図：$\left|\int_1^5 f(x)\sin nx\,dx\right|$ の $n = 400$ までのグラフ。

3.3.4　フーリエ級数展開定理と一様収束

フーリエ級数を扱う上で最も重要な問題であるフーリエ級数の収束を考えましょう。周期 2π をもつ区分的になめらかな関数 $f(x)$ のフーリエ級数の

収束はつぎの定理で表すことができます。

┌ フーリエ級数展開定理 ─────────────

定理 3.3.2 $f(x)$ を周期 2π をもつ区分的になめらかな周期関数とし, そのフーリエ級数の部分和を $S_n(x)$ とする。このときつぎの関係式が成り立つ。

$$\lim_{n\to\infty} S_n(x) = \frac{1}{2}\big(f(x-0) + f(x+0)\big) \qquad (3.3.7)$$

└─────────────────────────

注意 3.3.1 定理 3.3.2 の収束の意味は 各点 収束（pointwise convergence）である。すなわち, 点 x を固定するごとに (3.3.7) の左辺の無限級数が右辺の左右からの極限の平均値に収束することをいっている。♣

　フーリエ級数展開定理 3.3.2 を証明する前につぎの補題を挙げておきます。この補題を使うことにより定理 3.3.2 の証明は容易になされます。

┌ フーリエ級数展開定理の補題 ─────────

補題 3.3.1 $f(x)$ を周期 2π をもつ区分的になめらかな周期関数とする。このときつぎの関係式が成り立つ。

$$\lim_{n\to\infty} \frac{1}{\pi} \int_{-\pi}^{\pi} f(\xi) D_n(x-\xi)\, d\xi = \frac{1}{2}\big(f(x-0) + f(x+0)\big) \qquad (3.3.8)$$

ここに,

$$D_n(x) = \frac{1}{2} + \cos x + \cos 2x + \ldots + \cos nx. \qquad (3.3.9)$$

└─────────────────────────

　(3.3.9) の $D_n(x)$ をディリクレ核（Dirichlet kernel）といいます。図 3.3.3 に $n = 10$ と $n = 30$ のときの $D_n(x)$ のグラフを示します。

　[証明のあらすじ]　まず, ディリクレ核は

$$D_n(x) = \frac{\sin\left(n + \frac{1}{2}\right)x}{2\sin\frac{x}{2}} \quad \left(\sin\frac{x}{2} \neq 0\right) \qquad (3.3.10)$$

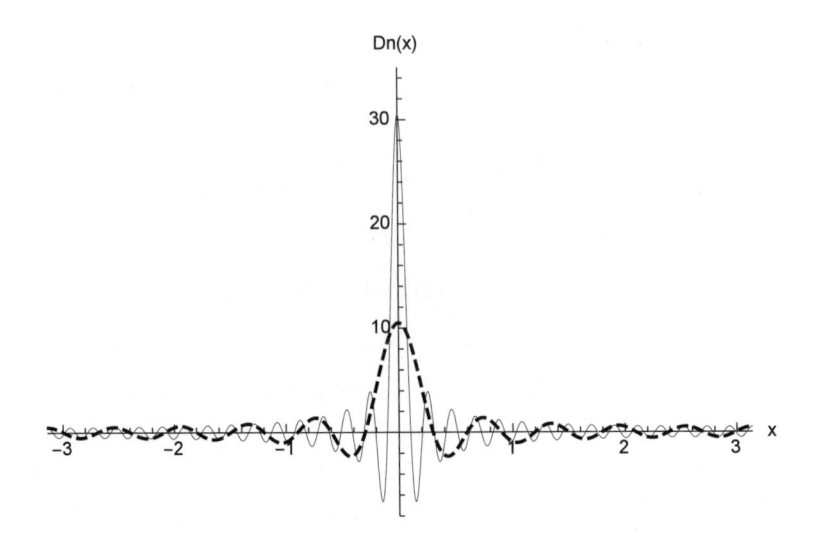

図 3.3.3: ディリクレ核 $D_n(x)$ のグラフ　破線は $n = 10$, 実線は $n = 30$。

と表わされます[6]。また,

$$\int_{-\pi}^{\pi} f(\xi)D_n(x - \xi)\, d\xi = \int_{-\pi}^{\pi} f(x + \eta)D_n(\eta)\, d\eta \tag{3.3.11}$$

と書くことができます[7]。$f(x)$ が $x = x_0$ で (1) 連続な場合 と (2) 不連続な場合に分けて証明します。

(1) $x = x_0$ で連続な場合　(3.3.11) により

$$\lim_{n\to\infty}\Big\{\frac{1}{\pi}\int_{-\pi}^{\pi} f(x_0 + \eta)D_n(\eta)\, d\eta - f(x_0)\Big\} = 0 \tag{3.3.12}$$

を証明すればよろしい。 (3.3.9) から容易に計算できますが

$$\frac{1}{\pi}\int_{-\pi}^{\pi} D_n(x)\, dx = 1$$

---

[6] $2\sin\frac{x}{2}\cos mx = \sin(m + \frac{1}{2})x - \sin(m - \frac{1}{2})x$ より $2\sin\frac{x}{2}D_n(x) = \sin(n + \frac{1}{2})x$ となるので。

[7] $D_n(x)$ が偶関数である性質と $D_n(x), f(x)$ がともに 2π の周期をもっていることを使用しています。

ですから

$$f(x_0) = \frac{1}{\pi} \int_{-\pi}^{\pi} f(x_0) D_n(\eta) \, d\eta$$

を使うと, (3.3.12) の { } 内は

$$\frac{1}{\pi} \int_{-\pi}^{\pi} f(x_0 + \eta) D_n(\eta) \, d\eta - f(x_0) = \frac{1}{\pi} \int_{-\pi}^{\pi} (f(x_0 + \eta) - f(x_0)) D_n(\eta) \, d\eta$$

となり, さらに (3.3.10) により

$$= \frac{1}{\pi} \int_{-\pi}^{\pi} \frac{f(x_0 + \eta) - f(x_0)}{2\sin(\eta/2)} \sin\left(n + \frac{1}{2}\right)\eta \, d\eta \tag{3.3.13}$$

を得ます。ここで,

$$F(\eta) = \frac{f(x_0 + \eta) - f(x_0)}{2\pi \sin(\eta/2)} \quad (\eta \neq 0) \tag{3.3.14}$$

とおけば, 結局

$$\frac{1}{\pi} \int_{-\pi}^{\pi} f(x_0 + \eta) D_n(\eta) \, d\eta - f(x_0) = \int_{-\pi}^{\pi} F(\eta) \sin\left(n + \frac{1}{2}\right)\eta \, d\eta \tag{3.3.15}$$

となります。さて, $\delta(> 0)$ を任意にとり積分区間をつぎのように分割します。

$$\int_{-\pi}^{\pi} F(\eta) \sin\left(n + \frac{1}{2}\right)\eta \, d\eta = \int_{I_1} F(\eta) \sin\left(n + \frac{1}{2}\right)\eta \, d\eta + \int_{I_2} F(\eta) \sin\left(n + \frac{1}{2}\right)\eta \, d\eta$$
$$+ \int_{-\delta}^{\delta} F(\eta) \sin\left(n + \frac{1}{2}\right)\eta \, d\eta$$

ここで, $\eta \in I_1 = [\delta, \pi]$, $\eta \in I_2 = [-\pi, -\delta]$ ですが, これらの区間では $F(\eta)$ は区分的になめらかなので上式右辺第 1 項と第 2 項はリーマン・ルベーグの定理 3.3.1 が適用できて $n \to \infty$ で 0 に収束します。後は, 第 3 項が 0 に収束することがいえれば証明は完結しますが, $F(\eta)$ は $\eta = 0$ では定義されていないので第 3 項の $\delta \to 0$ での極限を考察します。$F(\eta)$ の極限は

$$\lim_{\eta \to 0+} F(\eta) = \frac{1}{\pi} \lim_{\eta \to 0+} \frac{\eta/2}{\sin(\eta/2)} \frac{f(x_0 + \eta) - f(x_0)}{\eta}$$
$$= \frac{1}{\pi} f'(x_0 + 0)$$

となり, 同様に

$$\lim_{\eta \to 0-} F(\eta) = \frac{1}{\pi} f'(x_0 - 0)$$

を得るので, $F(\eta)$ は $\eta = 0$ で左右の極限をもち, したがって, 区分的に連続になります。よって, $F(\eta)$ は有界 ($|F(\eta)| < M$) であり

$$\left| \int_{-\delta}^{\delta} F(\eta) \sin\left(n + \frac{1}{2}\right)\eta \, d\eta \right| < 2\delta M \to 0 \quad (\delta \to 0)$$

となり, (3.3.12) が証明されました。

(2) $x = x_0$ で不連続な場合 この場合には

$$\bar{f}(x_0 + \eta) = \frac{1}{2}(f(x_0 + \eta) + f(x_0 - \eta)), \quad (\eta \neq 0) \tag{3.3.16}$$

$$\bar{f}(x_0) = \frac{1}{2}(f(x_0 + 0) + f(x_0 - 0)) \tag{3.3.17}$$

とおけば, $\bar{f}(x_0)$ は $x = x_0$ で連続になり, また区分的になめらかです。したがって,

$$\frac{1}{\pi} \int_{-\pi}^{\pi} \frac{f(x_0 + \eta) + f(x_0 - \eta)}{2} D_n(\eta) \, d\eta = \frac{1}{\pi} \int_{-\pi}^{\pi} \bar{f}(x_0 + \eta) D_n(\eta) \, d\eta \tag{3.3.18}$$

となりますが, ここで, $D_n(\eta)$ は偶関数なので

$$\int_{-\pi}^{\pi} f(x_0 + \eta) D_n(\eta) \, d\eta = \int_{-\pi}^{\pi} f(x_0 - \eta) D_n(\eta) \, d\eta \tag{3.3.19}$$

と書くことができます。これを (3.3.18) に用いると

$$\frac{1}{\pi} \int_{-\pi}^{\pi} f(x_0 + \eta) D_n(\eta) \, d\eta = \frac{1}{\pi} \int_{-\pi}^{\pi} \bar{f}(x_0 + \eta) D_n(\eta) \, d\eta \tag{3.3.20}$$

となります。両辺の極限をとると

$$\lim_{n \to \infty} \frac{1}{\pi} \int_{-\pi}^{\pi} f(x_0 + \eta) D_n(\eta) \, d\eta = \lim_{n \to \infty} \frac{1}{\pi} \int_{-\pi}^{\pi} \bar{f}(x_0 + \eta) D_n(\eta) \, d\eta$$

となりますが, この右辺の $\bar{f}$ は $x = x_0$ で連続なので (1) の結論 (3.3.12) を使うことができ, 右辺は $\bar{f}(x_0)$ となり, すなわち, (3.3.17) の右辺 となります。□

　[フーリエ級数展開定理 3.3.2 の証明]　補題 3.3.1 により準備が整いました。フーリエ級数の部分和 $S_n(x)$ は (3.3.3) 式

$$S_n(x) = \frac{a_0}{2} + (a_1 \cos x + b_1 \sin x) + (a_2 \cos 2x + b_2 \sin 2x) + \ldots + (a_n \cos nx + b_n \sin nx)$$

ですから, これにフーリエ係数 (3.2.1), (3.2.2) を代入すると, 第 m 項は

$$a_m \cos mx + b_m \sin mx$$
$$= \frac{1}{\pi} \int_{-\pi}^{\pi} f(\xi)(\cos mx \cos m\xi + \sin mx \sin m\xi) \, d\xi$$
$$= \frac{1}{\pi} \int_{-\pi}^{\pi} f(\xi) \cos(m(x - \xi)) \, d\xi \tag{3.3.21}$$

となり, $S_n(x)$ はディリクレ核 (3.3.9) を使って

$$S_n(x) = \frac{1}{\pi} \int_{-\pi}^{\pi} f(\xi) D_n(x - \xi) \, d\xi \tag{3.3.22}$$

と表すことができます。上式は (3.3.8) よりただちに

$$\lim_{n \to \infty} S_n(x) = \frac{1}{2}\big(f(x - 0) + f(x + 0)\big) \tag{3.3.23}$$

が得られます。すなわち, フーリエ級数は右辺の値に収束することが証明されました。□

　定理 3.3.2 において, 不連続点以外では一様収束します。

フーリエ級数の一様収束

　定理 **3.3.3**　$f(x)$ を周期 2π をもつ区分的になめらかな関数とする。このとき, $f(x)$ のフーリエ級数は不連続点を含まない閉区間において $f(x)$ に一様収束する。

　[証明のあらすじ]　$f(x)$ が連続な場合の証明を述べておきます。(3.3.13) は (3.3.22) により

$$|f(x) - S_n(x)| = \left| \int_{-\pi}^{\pi} F(\xi) \sin\left(n + \frac{1}{2}\right)\xi \, d\xi \right|, \quad F(\xi) = \frac{f(x + \xi) - f(x)}{2\pi \sin \frac{\xi}{2}}$$

となります。まず、$F(\xi) \sin\left(n + \frac{1}{2}\right)\xi \, d\xi$ の区間 $I_1 = [\delta, \pi]$ での積分は

$$\left| \int_{I_1} F(\xi) \sin\left(n + \frac{1}{2}\right)\xi \, d\xi \right| \leq \left| \frac{F(\xi) \cos(n + \frac{1}{2})\xi}{n + \frac{1}{2}} \Big|_{\delta+0}^{\pi-0} \right|$$
$$+ \left| \int_{\delta}^{\pi} \frac{F'(\xi) \cos(n + \frac{1}{2})\xi}{n + \frac{1}{2}} \, d\xi \right| \tag{3.3.24}$$

となり, 右辺第 1 項は

$$\left| \frac{F(\xi) \cos(n + \frac{1}{2})\xi}{n + \frac{1}{2}} \Big|_{\delta+0}^{\pi-0} \right| \leq \frac{2}{2n+1} \Big\{ |F(\pi - 0)| + |F(\delta + 0)| \Big\}$$
$$\leq \frac{2}{2n+1} \Big\{ 2 \times \max_{\xi \in I_1} |F(\xi)| \Big\} \tag{3.3.25}$$

右辺第 2 項は

$$\left| \int_{\delta}^{\pi} \frac{F'(\xi) \cos(n + \frac{1}{2})\xi}{n + \frac{1}{2}} \, d\xi \right| \leq \frac{2}{2n+1} \int_{\delta}^{\pi} |F'(x)| \, d\xi$$
$$\leq \frac{2}{2n+1} \Big\{ (\pi - \delta) \max_{\xi \in I_1} |F'(\xi)| \Big\} \tag{3.3.26}$$

となります。したがって, (3.3.24) は

$$\left| \int_{I_1} F(\xi) \sin\left(n + \frac{1}{2}\right)\xi \, d\xi \right| \leq \frac{2}{2n+1} \Big\{ 2 \times \max_{\xi \in I_1} |F(\xi)| + \pi \max_{\xi \in I_1} |F'(\xi)| \Big\}$$

となり, 上式右辺 { } 内は x と n に無関係な定数 M_1 で置き換えることができ

$$\leq \frac{2}{2n+1} M_1 \tag{3.3.27}$$

を得ます。同様に, $F(\xi) \sin\left(n + \frac{1}{2}\right)\xi$ の区間 $I_2 = [-\pi, -\delta]$ での積分は

$$\left| \int_{I_2} F(\xi) \sin\left(n + \frac{1}{2}\right)\xi \, d\xi \right| \leq \frac{2}{2n+1} M_2 \tag{3.3.28}$$

となります。M_2 は M_1 に相当するもので x と n に無関係な定数です。さらに, $\int_{-\delta}^{\delta} F(\xi) \sin\left(n + \dfrac{1}{2}\right)\xi\, d\xi$ の評価は

$$\left| \int_{-\delta}^{\delta} F(\xi) \sin\left(n + \frac{1}{2}\right)\xi\, d\xi \right| \leq \int_{-\delta}^{\delta} \frac{|f(x+\xi) - f(x)|}{2\pi |\sin \frac{\xi}{2}|} |\sin(n+\frac{1}{2})\xi|\, d\xi$$

となりますが, $f(x + \xi) - f(x)$ に中間値の定理を使うと

$$\leq \frac{1}{2\pi} \int_{-\delta}^{\delta} \frac{|\xi f'(x + \theta\xi)|}{|\sin \frac{\xi}{2}|}\, d\xi$$

$M' = \max_{-\delta < x < \delta} |f'(x)|$（$M'$ は x と n に無関係な定数）とおくと

$$\leq \frac{1}{2\pi} \int_{-\delta}^{\delta} \left| \frac{\xi}{\sin \frac{\xi}{2}} \right|\, d\xi \cdot M'$$

ここで, $-\frac{\pi}{2} \leq x \leq \frac{\pi}{2}$ で $\frac{x}{\sin x} \leq \frac{\pi}{2}$ ですから

$$\leq \frac{\delta}{2} M'$$

となり, 結局

$$\left| \int_{-\delta}^{\delta} F(\xi) \sin\left(n + \frac{1}{2}\right)\xi\, d\xi \right| \leq \frac{\delta}{2} M' \tag{3.3.29}$$

を得て, (3.3.27), (3.3.28) および (3.3.29) よりつぎの評価が得られます。

$$|f(x) - S_n(x)| = \left| \int_{-\pi}^{\pi} F(\xi) \sin\left(n + \frac{1}{2}\right)\xi\, d\xi \right|$$

$$\leq \frac{2}{2n+1}(M_1 + M_2) + \frac{\delta}{2} M'$$

M_1, M_2, M' は x と n に無関係な定数ですから, 任意に与えた ε に対して δ と n を適当に選べば右辺は x にかかわらず ε より小さくすることができます。すなわち, 一様収束が示されました。□

　ここで超関数であるデルタ関数について言及しておきます。デルタ関数（delta function）はつぎで定義されます。

$$f(x) = \int_{-\infty}^{\infty} f(\xi)\delta(x-\xi)\,d\xi \tag{3.3.30}$$

(3.3.30) の意味合いは関数 $f(x)$ の瞬間的な値を抽出する操作が f とデルタ関数との畳み込み積分ということです。今, 形式的に

$$\delta(x) = \frac{1}{2\pi}\int_{-\infty}^{\infty} e^{i\omega x}\,d\omega \tag{3.3.31}$$

と考えましょう[8]。(3.3.30) に (3.3.31) を代入すると

$$f(x) = \int_{-\infty}^{\infty} f(\xi)\frac{1}{2\pi}\int_{-\infty}^{\infty} e^{i\omega(x-\xi)}\,d\omega d\xi = \int_{-\infty}^{\infty}\left\{\frac{1}{2\pi}\int_{-\infty}^{\infty} f(\xi)e^{-i\omega\xi}\,d\xi\right\} e^{i\omega x}\,d\omega$$
$$= \int_{-\infty}^{\infty} \widehat{f}(\omega)e^{i\omega x}\,d\omega$$

となり, 無限区間で定義された関数 $f(x)$ の逆フーリエ変換（(4.3.3)）を得ます。形式的な表現 (3.3.31) ではありますが, このようにフーリエ変換の枠組みも維持されます。しかし, あくまでもデルタ関数は (3.3.30) のように積分で定義されており, このような関数を超関数[9]とよびます。さて, ディリクレ核 D_n(3.3.9) はデルタ関数の近似 $\lim_{n\to\infty} D_n(x) = \delta(x)$ であり

$$\lim_{n\to\infty}\int_{-\infty}^{\infty} f(\xi)D_n(x-\xi)\,d\xi = \int_{-\infty}^{\infty} f(\xi)\delta(x-\xi)\,d\xi = f(x)$$

となり (3.3.8) に相当する式を得ます。

デルタ関数の基本的な性質には

(1) $\delta(x\neq 0) = 0$, $\delta(-x) = \delta(x)$　（$x\neq 0$ では 0 で偶関数）

(2) $\int_{-\infty}^{\infty}\delta(x)\,dx = 1$　（面積は 1）

(3) $\frac{1}{2\pi}\int_{-\infty}^{\infty}\delta(x-x_0)e^{-i\omega x}\,dx = \frac{1}{2\pi}e^{-i\omega x_0}$　（デルタ関数のフーリエ変換）

などがあります。

---

[8]実際には (3.3.31) は

$$\lim_{a\to\infty}\frac{1}{2\pi}\int_{-a}^{a} e^{i\omega x}\,d\omega = \lim_{a\to\infty}\frac{\sin ax}{\pi x}$$

となり, 極限値をもたないことから (3.3.31) は意味のない式であり形式的な表現です。

[9]シュワルツの超関数を distribution, 佐藤の超関数を hyperfunction と訳されています。

問題 **3.3.3** 事実 3.2.1 のライプニッツの級数について方形波のフーリエ級数 (3.2.6) の $x = \frac{\pi}{2}$ における収束を考えて説明せよ。また, $x = 0$ における収束を考えるとどうか。

問題 **3.3.4** 問題 3.2.4 (4) のフーリエ級数の $x = 0$ における収束を考えることにより, 級数

$$\sum_{n=1}^{\infty} \frac{(-1)^{n+1}}{n^2} = \frac{1}{1^2} - \frac{1}{2^2} + \frac{1}{3^2} - \frac{1}{4^2} + \cdots$$

の和を求めよ。また, $x = \frac{1}{2}$ における収束を考えることにより, 級数

$$\sum_{n=1}^{\infty} \frac{1}{n^2} = \frac{1}{1^2} + \frac{1}{2^2} + \frac{1}{3^2} + \frac{1}{4^2} + \cdots$$

の和を求めよ。

問題 **3.3.5** z を整数でない実数とする。$f(x)$ を周期 2π の周期関数で, $-\pi \le x \le \pi$ のとき $f(x) = \cos zx$ と定める。$f(x)$ をフーリエ級数に展開すると

$$f(x) = \frac{2z \sin z\pi}{\pi} \left(\frac{1}{2z^2} + \sum_{n=1}^{\infty} \frac{(-1)^n}{z^2 - n^2} \cos nx \right) \quad (-\infty < x < \infty)$$

であることを示せ。また, このフーリエ級数の $x = 0$ における収束を考えるとき, つぎの等式[10]が成り立つことを示せ。

$$\frac{\pi z}{\sin \pi z} = 1 + 2z^2 \sum_{n=1}^{\infty} \frac{(-1)^n}{z^2 - n^2}$$

問題 **3.3.6** $f(x)$ が周期 2π の周期関数で, $f(x) = \cosh x = \frac{e^x + e^{-x}}{2} \ (-\pi \le x \le \pi)$ と定められているとき

(1) $f(x)$ をフーリエ級数に展開せよ。

(2) $f(x)$ のフーリエ級数の $x = \pi$ における収束を考えることにより, つぎの等式を示せ。

$$\sum_{n=1}^{\infty} \frac{1}{n^2 + 1} = \frac{\pi}{2} \left(\frac{e^\pi + e^{-\pi}}{e^\pi - e^{-\pi}} - \frac{1}{\pi} \right)$$

---

[10]この等式の右辺は関数 $\frac{\pi z}{\sin \pi z}$ の部分分数分解とよばれます。

3.3.5 フーリエ級数の連続性

┌─ 一様収束列の極限は連続 ──────────────────
│
│ **定理 3.3.4** 連続関数 $f_n(x)$, $n = 1, 2, 3, \ldots$ の一様収束列の極限は連続で
│ ある。
└──

[証明] $a \leq x \leq b$ で連続関数列 $f_n(x), n = 1, 2, 3, \ldots$ が極限をもちこれ
を $f(x)$ とします。証明すべきことは任意の $\varepsilon > 0$ に対して $\delta(\varepsilon, x)$ がとれ,
$|f(y) - f(x)| < \varepsilon$ がすべての $y \in B_\delta(x)$ で成立することをいえばいいわけで
す[11]。まず, つぎの関係式が成立します。

$$|f(y) - f(x)| = |f(y) - f_n(y) + f_n(y) - f_n(x) + f_n(x) - f(x)|$$
$$\leq |f(y) - f_n(y)| + |f_n(y) - f_n(x)| + |f_n(x) - f(x)|$$

ここで, f_n は仮定より一様収束ですから任意の $\frac{\varepsilon}{3} > 0$ に対して N がとれ, す
べての $n > N$ に対し $|f_n(x) - f(x)| < \frac{\varepsilon}{3}$ がすべての $a \leq x \leq b$ で成立しま
す。さらに, 固定したすべての n に対して f_n は連続ですから $\delta(\varepsilon, x)$ がとれ,
$|f_n(x) - f_n(y)| < \frac{\varepsilon}{3}$ がすべての $y \in B_\delta(x)$ で成立します。したがって,

$$|f(y) - f(x)| < \frac{\varepsilon}{3} + \frac{\varepsilon}{3} + \frac{\varepsilon}{3} = \varepsilon$$

となり f は連続であることが証明されました。□

定理 3.3.3 と定理 3.3.4 により, $f(x)$ に一様収束するフーリエ級数は連続で
あることがわかります。

注意 3.3.2 $f_n(x)$ が連続でも $f(x)$ に一様収束しなければ $f(x)$ は連続とは限ら
ない。たとえば, 方形波のフーリエ級数 (3.2.6) は連続ではない。不連続点付
近では一様収束しないからである。♣

───────────────
[11]$B_\delta(x)$ は閉球体を表し, 任意の $\delta > 0$ に対して x の近傍となります。

3.3.6　平均収束

　§3.3.2 においてフーリエ多項式は最小 2 乗法の意味で最良の近似 3 角多項式になることを述べました。そこで, フーリエ多項式に対する誤差 E_n をつぎの積分

$$E_n = \frac{1}{2\pi} \int_{-\pi}^{\pi} \left(f(x) - S_n(x)\right)^2 dx \tag{3.3.32}$$

で考えます。このときフーリエ級数の収束のしかたをつぎにより定義します。

定義 3.3.4

$$\lim_{n\to\infty} \int_{-\pi}^{\pi} \left(f(x) - S_n(x)\right)^2 dx = 0 \tag{3.3.33}$$

が成り立てば, $S_n(x)$ を部分和とするフーリエ級数は $f(x)$ に平均収束（mean convergence）するという。

注意 **3.3.3**　各点収束である

$$\lim_{n\to\infty} \left(f(x) - S_n(x)\right) = 0 \quad (-\pi < x < \pi) \tag{3.3.34}$$

と平均収束とは別のものである。♣

フーリエ級数の平均収束 ──────

定理 3.3.5　周期 2π の区分的になめらかな周期関数 $f(x)$ のフーリエ多項式 $S_n(x)$ は $f(x)$ に平均収束する。

　[証明]　(1) $f(x)$ が $(-\pi, \pi)$ で不連続点をもたないとき, (2) $f(x)$ が $(-\pi, \pi)$ で不連続点 1 つ $(x = x_0)$ をもつとき, (3) $f(x)$ が不連続点を複数もつとき の 3 つの場合に分けて証明します。

　(1) $f(x)$ が $(-\pi, \pi)$ で不連続点をもたないとき
定理 3.3.3 により $S_n(x)$ は $f(x)$ に一様収束するので任意の $\varepsilon > 0$ に対して

$N(\varepsilon)$ が存在して $n > N(\varepsilon)$ のとき

$$|f(x) - S_n(x)| < \sqrt{\frac{\varepsilon}{2\pi}}$$

とできます。上式より

$$\int_{-\pi}^{\pi} \big(f(x) - S_n(x)\big)^2 dx < \varepsilon$$

となり，すなわち (3.3.33) が成り立ちます。

(2) $f(x)$ が $(-\pi, \pi)$ で不連続点 1 つ（$x = x_0$）をもつとき

$f(x)$ と $S_n(x)$ とも有界なので[12]，n と x によらない $M > 0$ を用いて $|f(x) - S_n(x)| < M$ とできます。任意の $\varepsilon > 0$ に対して $0 < \delta < \frac{\varepsilon}{4M^2}$ となるように δ をとり

$$\int_{-\pi}^{\pi} \big(f(x) - S_n(x)\big)^2 dx$$
$$= \int_{-\pi}^{x_0-\delta} \big(f(x) - S_n(x)\big)^2 dx + \int_{x_0+\delta}^{\pi} \big(f(x) - S_n(x)\big)^2 dx$$
$$+ \int_{x_0-\delta}^{x_0+\delta} \big(f(x) - S_n(x)\big)^2 dx$$

と積分区間を分割します。上式右辺の第 1 項と第 2 項は不連続点を除外してあるので一様収束し，ある $N(\varepsilon)$ が存在して $n > N(\varepsilon)$ のとき

$$|f(x) - S_n(x)| < \sqrt{\frac{\varepsilon}{4\pi}}$$

とでき，したがって

$$\int_{-\pi}^{x_0-\delta} \big(f(x) - S_n(x)\big)^2 dx + \int_{x_0+\delta}^{\pi} \big(f(x) - S_n(x)\big)^2 dx$$
$$< \int_{-\pi}^{x_0-\delta} \Big(\frac{\varepsilon}{4\pi}\Big) dx + \int_{x_0+\delta}^{\pi} \Big(\frac{\varepsilon}{4\pi}\Big) dx$$
$$= \frac{\varepsilon}{2\pi}(\pi - \delta)$$
$$< \frac{\varepsilon}{2} \tag{3.3.35}$$

---

[12] $f(x)$ は区分的になめらかなことより，$f(x)$ と $S_n(x)$ とも有界であることが証明できます。

を得ます。また, 第 3 項は

$$\int_{x_0-\delta}^{x_0+\delta} \left(f(x) - S_n(x)\right)^2 dx < 2\delta M^2 = \frac{\varepsilon}{2M^2} M^2 = \frac{\varepsilon}{2} \tag{3.3.36}$$

となり, (3.3.35) と (3.3.36) より (3.3.33) が得られます。

(3) $f(x)$ が不連続点を複数もつとき（あるいは不連続点が $\pm\pi$ であるとき）このときも同様にしめすことができるので, この部分については読者に委ねます。□

ノート **3.3.2** フーリエ級数の一様収束性は周期関数が区分的になめらかで不連続点がないときに成り立ちますが（定理 3.3.3）, 平均収束は区分的になめらかであれば不連続点のあるなしには無関係に成り立ちます（定理 3.3.5）。定理 3.3.5 の中でも述べましたが, $f(x)$ のフーリエ級数が一様収束すれば, 平均収束することがいえます。その逆はいえません。一般に, 一様収束性は厳しい条件になります。工学でよく使われる方形波（各点収束はするが不連続点では一様収束しない）などのフーリエ級数を考える上で平均収束の方が馴染みが深いといえましょう。◇

さて, (3.3.32) より簡単な計算により

$$2E_n = \frac{1}{\pi}\int_{-\pi}^{\pi}\left(f(x)\right)^2 dx - \left(\frac{1}{2}a_0^2 + a_1^2 + b_1^2 + \ldots + a_n^2 + b_n^2\right) \tag{3.3.37}$$

が得られるので, $S_n(x)$ を部分和とするフーリエ級数が平均収束すれば

$$\frac{1}{\pi}\int_{-\pi}^{\pi}\left(f(x)\right)^2 dx = \frac{1}{2}a_0^2 + (a_1^2 + b_1^2) + \ldots + (a_n^2 + b_n^2) + \ldots \tag{3.3.38}$$

の関係式が得られます。これをパーセバルの等式（Parseval's equality）といいます。

問題 **3.3.7** (3.3.37) を導出せよ。

注意 **3.3.4** 周期 p の周期関数 $f(x)$ に対するパーセバルの等式は

$$\frac{a_0^2}{2} + \sum_{n=1}^{\infty}(a_n^2 + b_n^2) = \frac{2}{p}\int_{-p/2}^{p/2}\{f(x)\}^2 dx \tag{3.3.39}$$

である。♣

問題 **3.3.8** (3.3.39) を導出せよ。

問題 **3.3.9** つぎの (1) ~ (5) の等式はそれぞれ問題 3.2.3 (1), 問題 3.2.4 (1), (3), (4), (8) の $f(x)$ をパーセバルの等式にあてはめることにより得られるものである。このことを示せ。

$$(1) \quad \sum_{n=1}^{\infty} \frac{1}{(2n-1)^2} = \frac{1}{1^2} + \frac{1}{3^2} + \frac{1}{5^2} + \ldots = \frac{\pi^2}{8}$$

$$(2) \quad \sum_{n=1}^{\infty} \frac{1}{n^2} = \frac{1}{1^2} + \frac{1}{2^2} + \frac{1}{3^2} + \ldots = \frac{\pi^2}{6}$$

$$(3) \quad \sum_{n=1}^{\infty} \frac{1}{(2n-1)^4} = \frac{1}{1^4} + \frac{1}{3^4} + \frac{1}{5^4} + \ldots = \frac{\pi^4}{96}$$

$$(4) \quad \sum_{n=1}^{\infty} \frac{1}{n^4} = \frac{1}{1^4} + \frac{1}{2^4} + \frac{1}{3^4} + \ldots = \frac{\pi^4}{90}$$

$$(5) \quad \sum_{n=1}^{\infty} \frac{1}{((2n)^2-1)^2} = \frac{1}{1^2 3^2} + \frac{1}{3^2 5^2} + \frac{1}{5^2 7^2} + \ldots = \frac{\pi^2}{16} - \frac{1}{2}$$

数の研究にせよ, 月の秤動論にせよ, ラグランジュとラプラースとのあいだには深い相違がある。ラグランジュはしばしばその扱う問題のなかに数字のみを見る。諸問題は数学のためのさまざま機会を提供するにすぎないようにみえる。したがって彼は, 優雅さと普遍性とを高く評価したのである。これに反して, ラプラースは, 数学を主として道具とみなし, 特別な問題が起きるたびごとに, それに適合するように数学を修正した。一方は大数学者であり, 他方は高等な数学を使って自然を知ろうとつとめた大哲学者であった。

(ポアソン)

第4章 フーリエ積分・フーリエ 変換

4.1 フーリエ積分

§3 では区間 $(-\infty, \infty)$ 上の周期関数がフーリエ級数, すなわち 3 角関数を用いた級数によって表示されることをみました。ここでは, $(-\infty, \infty)$ 上の周期的でない関数に対しても 3 角関数を用いた表示が得られるかどうか調べてみましょう。いま, 関数 $f(x)$ は $(-\infty, \infty)$ 上で絶対可積分, すなわち広義積分

$$\int_{-\infty}^{\infty} |f(x)|\, dx = \lim_{\substack{a \to -\infty \\ b \to \infty}} \int_{a}^{b} |f(x)|\, dx$$

が収束すると仮定します。$f(x)$ を $-p/2 \leq x \leq p/2$ $(p > 0)$ の範囲に制限し, これを周期 p の周期関数に拡張します。すると, この範囲の x について

$$f(x) \sim \frac{a_0}{2} + \sum_{n=1}^{\infty} (a_n \cos \frac{2n\pi}{p} x + b_n \sin \frac{2n\pi}{p} x), \tag{4.1.1}$$

ただし,

$$\begin{cases} a_0 = \dfrac{2}{p} \displaystyle\int_{-p/2}^{p/2} f(u)\, du, \\[2mm] a_n = \dfrac{2}{p} \displaystyle\int_{-p/2}^{p/2} f(u) \cos \dfrac{2n\pi}{p} u\, du, & (n \geq 1) \\[2mm] b_n = \dfrac{2}{p} \displaystyle\int_{-p/2}^{p/2} f(u) \sin \dfrac{2n\pi}{p} u\, du & (n \geq 1) \end{cases} \tag{4.1.2}$$

が成り立ちます。(4.1.2) を (4.1.1) の右辺に代入し $\Delta\omega = \frac{2\pi}{p}$ とおくと

$$
\begin{aligned}
f(x) &\sim \frac{1}{p} \int_{-p/2}^{p/2} f(u)\,du + \sum_{n=1}^{\infty} \left\{ \left(\frac{2}{p} \int_{-p/2}^{p/2} f(u) \cos \frac{2n\pi}{p} u\,du \right) \cos \frac{2n\pi}{p} x \right. \\
&\qquad\qquad \left. + \left(\frac{2}{p} \int_{-p/2}^{p/2} f(u) \sin \frac{2n\pi}{p} u\,du \right) \sin \frac{2n\pi}{p} x \right\} \\
&= \frac{1}{p} \int_{-p/2}^{p/2} f(u)\,du + \sum_{n=1}^{\infty} \frac{2}{p} \int_{-p/2}^{p/2} f(u) \cos \frac{2n\pi}{p}(u-x)\,du \\
&= \frac{1}{p} \int_{-p/2}^{p/2} f(u)\,du + \sum_{n=1}^{\infty} \left(\frac{1}{\pi} \int_{-p/2}^{p/2} f(u) \cos(u-x)n\Delta\omega\,du \right) \Delta\omega \qquad (4.1.3)
\end{aligned}
$$

となります。ここで $p \to \infty$ とすると, (4.1.3) 右辺第 1 項は $f(x)$ の絶対可積分性より 0 に収束します。また第 2 項において $p \to \infty$ とすれば $\Delta\omega \to 0$ となるので, 区分求積法を用いた形式的な計算により

$$
\int_0^{\infty} \left(\frac{1}{\pi} \int_{-\infty}^{\infty} f(u) \cos((u-x)\omega)\,du \right) d\omega
$$

に収束することが推察されます。すなわち, 周期的でない関数 $f(x)$ に対して

$$
f(x) \sim \frac{1}{\pi} \int_0^{\infty} \left(\int_{-\infty}^{\infty} f(u) \cos((u-x)\omega)\,du \right) d\omega \qquad (4.1.4)
$$

が成り立つことになります。これは, 周期的でない関数が 3 角関数を用いた積分 (連続和) で表示されることを表します。(4.1.4) で実際に等号が成り立つかどうかについてはつぎの定理 4.1.1 が知られています。

不定積分の記号 $\int f(x)\,dx$ はライプニッツの考案によるものです。定積分の記号 $\int_a^b f(x)\,dx$ はフーリエの着想から始まりました。
（吉田洋一・赤攝也著, 数学序論, 培風館, 1954.）

> ┌─ フーリエの積分公式 ───────────────────
>
> **定理 4.1.1** $f(x)$ を $(-\infty, \infty)$ で定義された関数で, つぎの条件 (1), (2) を満たすとする:
>
> (1) $f(x)$ は $(-\infty, \infty)$ で絶対可積分
>
> (2) $f(x)$ は $(-\infty, \infty)$ で区分的になめらか
>
> このとき
>
> $$\frac{f(x+0) + f(x-0)}{2} = \frac{1}{\pi} \int_0^\infty \left(\int_{-\infty}^\infty f(u) \cos\left((u-x)\omega\right) du \right) d\omega,$$
> $$-\infty < x < \infty \qquad (4.1.5)$$
>
> が成り立つ。

(4.1.5) をフーリエの積分公式といい, その右辺を $f(x)$ のフーリエ積分 (Fourier integral) といいます。定理 4.1.1 の証明は次節で与えます。

さて, 定理 4.1.1 において, $f(x)$ の連続点 x では $\frac{f(x+0)+f(x-0)}{2} = f(x)$ が成り立ちます。そこで以後, この章では関数 $f(x)$ の不連続点 x_0 における値 $f(x_0)$ はすべて $\frac{f(x_0+0)+f(x_0-0)}{2}$ におきかえておくことと約束します。この修正によりすべての x に対して, フーリエの積分公式

$$f(x) = \frac{1}{\pi} \int_0^\infty \left(\int_{-\infty}^\infty f(u) \cos(u-x)\omega \, du \right) d\omega \qquad (4.1.6)$$

が成り立つことになります。

つぎに, $f(x)$ が偶関数または奇関数のとき (4.1.6) がどのようになるか調べておきます。(4.1.6) の右辺は

$$\frac{1}{\pi} \int_0^\infty \left\{ \left(\int_{-\infty}^\infty f(u) \cos \omega u \, du \right) \cos \omega x + \left(\int_{-\infty}^\infty f(u) \sin \omega u \, du \right) \sin \omega x \right\} d\omega$$

と書き換えられます。$f(x)$ が偶関数ならば, u の関数である $f(u) \cos \omega u$ は偶関数になり, また, $f(u) \sin \omega u$ は奇関数になりますから

$$\int_{-\infty}^\infty f(u) \cos \omega u \, du = 2 \int_0^\infty f(u) \cos \omega u \, du,$$

$$\int_{-\infty}^{\infty} f(u) \sin \omega u \, du = 0$$

となります。したがって偶関数 $f(x)$ について

$$f(x) = \frac{2}{\pi} \int_0^{\infty} \left(\int_0^{\infty} f(u) \cos \omega u \, du \right) \cos \omega x \, d\omega \qquad (4.1.7)$$

が成り立ちます。奇関数 $f(x)$ については

$$f(x) = \frac{2}{\pi} \int_0^{\infty} \left(\int_0^{\infty} f(u) \sin \omega u \, du \right) \sin \omega x \, d\omega \qquad (4.1.8)$$

が成り立ちます。

例題 **4.1.1** 関数

$$f(x) = \begin{cases} 1 - |x| & (|x| \le 1) \\ 0 & (|x| > 1) \end{cases}$$

をフーリエの積分公式にあてはめることにより

$$f(x) = \frac{2}{\pi} \int_0^{\infty} \frac{1 - \cos \omega}{\omega^2} \cos \omega x \, d\omega \qquad (-\infty < x < \infty) \qquad (4.1.9)$$

を示せ。

[解] $f(x)$ は $(-\infty, \infty)$ で区分的になめらかでありかつ連続です。また, $f(x)$ は偶関数ですので (4.1.7) にあてはめることができます。部分積分法により

$$\begin{aligned} \int_0^{\infty} f(u) \cos \omega u \, du &= \int_0^1 (1 - u) \cos \omega u \, du \\ &= \left[(1 - u) \left(\frac{1}{\omega} \sin \omega u \right) \right]_0^1 + \frac{1}{\omega} \int_0^1 \sin \omega u \, du \\ &= \frac{1 - \cos \omega}{\omega^2} \end{aligned}$$

となり, (4.1.9) が成り立つことがわかります。■

例題 4.1.1 の (4.1.9) で特に $x = 0$ とおくと, $f(0) = 1$ より

$$1 = \frac{2}{\pi} \int_0^{\infty} \frac{1 - \cos \omega}{\omega^2} \, d\omega = \frac{4}{\pi} \int_0^{\infty} \frac{\sin^2 \omega/2}{\omega^2} \, d\omega,$$

すなわち

$$\int_0^\infty \left(\frac{\sin \omega/2}{\omega}\right)^2 d\omega = \frac{\pi}{4}$$

となります。ここで $x = \omega/2$ とおきかえれば

$$\int_0^\infty \left(\frac{\sin x}{x}\right)^2 dx = \frac{\pi}{2}$$

を得ます。

問題 **4.1.1** 関数

$$f(x) = \begin{cases} \sin x & (|x| \leq \pi) \\ 0 & (|x| > \pi) \end{cases}$$

をフーリエの積分公式にあてはめることにより, 等式

$$f(x) = \frac{2}{\pi} \int_0^\infty \frac{\sin \pi\omega \sin x\omega}{1 - \omega^2} d\omega \qquad (-\infty < x < \infty)$$

を示せ。さらに広義積分

$$\int_0^\infty \frac{\sin^2 \pi\omega}{1 - \omega^2} d\omega$$

の値を求めよ。

問題 **4.1.2** 関数

$$f(x) = \begin{cases} |x|, & (|x| < 1) \\ \dfrac{1}{2}, & (|x| = 1) \\ 0 & (|x| > 1) \end{cases}$$

をフーリエの積分公式にあてはめることにより, 等式

$$f(x) = \frac{2}{\pi} \int_0^\infty \frac{\omega \sin \omega + \cos \omega - 1}{\omega^2} \cos \omega x\, d\omega \quad (-\infty < x < \infty)$$

が成り立つことを示せ。

4.2 フーリエ積分公式の証明

フーリエ積分公式 (4.1.5) の証明の前に, つぎの 3 つの定理などを準備します。

> ─ 事実 3.3.2 の拡張 ─────────────────
>
> **事実 4.2.1** $f(x)$ が $(-\infty, \infty)$ で区分的に連続な絶対可積分関数ならば
>
> $$\int_{-\infty}^{\infty} f(x)\cos \nu x\, dx, \qquad \int_{-\infty}^{\infty} f(x)\sin \nu x\, dx$$
>
> はいずれも ν に関して $(-\infty, \infty)$ で連続かつ有界である。

[証明] まず, 関数 $f(x)$ が $(-\infty, \infty)$ で区分的に連続かつ絶対可積分ならば, 広義積分 $\int_{-\infty}^{\infty} f(x)\, dx$ は収束することに注意します。実際, 任意の $\varepsilon > 0$ に対し, $f(x)$ の絶対可積分性から十分大きい $c > 0$ をとると $\int_{c}^{\infty} |f(x)|\, dx < \varepsilon/2$ となります。したがって $c < p < q$ のとき

$$\left| \int_{p}^{q} f(x)\, dx \right| \le \int_{p}^{q} |f(x)|\, dx$$

$$\le \int_{p}^{\infty} |f(x)|\, dx - \int_{q}^{\infty} |f(x)|\, dx$$

$$\le \int_{c}^{\infty} |f(x)|\, dx + \int_{c}^{\infty} |f(x)|\, dx$$

$$< \frac{\varepsilon}{2} + \frac{\varepsilon}{2} = \varepsilon$$

なので, コーシーの判定法から $\int_{0}^{\infty} f(x)\, dx$ は収束します[1]。同様に $\int_{-\infty}^{0} f(x)\, dx$ も収束することがわかりますので

$$\int_{-\infty}^{\infty} f(x)\, dx = \int_{-\infty}^{0} f(x)\, dx + \int_{0}^{\infty} f(x)\, dx$$

---

[1]コーシーの判定法 : 関数 $f(x)$ は区間 $[a, \infty)$ で区分的に連続とする。任意の正の実数 ε に対し, 実数 $c > a$ で

$$c < p < q \Longrightarrow \left| \int_{p}^{q} f(x)\, dx \right| < \varepsilon$$

を満たすものがあれば, 広義積分 $\int_{a}^{\infty} f(x)\, dx$ は収束する。
コーシーの判定法は区間 $(-\infty, a]$ の場合も同様に成立します。

も収束します。

さて，$\int_{-\infty}^{\infty} f(x) \cos \nu x \, dx$ について定理を証明しましょう。実数 ν に対し $|f(x) \cos \nu x| \leq |f(x)|$ ですから，広義積分 $\int_{-\infty}^{\infty} f(x) \cos \nu x \, dx$ は収束し[2]，不等式

$$\left| \int_{-\infty}^{\infty} f(x) \cos \nu x \, dx \right| \leq \int_{-\infty}^{\infty} |f(x) \cos \nu x| \, dx \leq \int_{-\infty}^{\infty} |f(x)| \, dx$$

より $\int_{-\infty}^{\infty} f(x) \cos \nu x \, dx$ は有界です。つぎに $F(\nu) = \int_{-\infty}^{\infty} f(x) \cos \nu x \, dx$ とおいて，$F(\nu)$ がすべての $\nu = \nu_0$ で連続なことを示します[3]。$\varepsilon > 0$ を任意に固定します。$a > 0$ として

$$|F(\nu) - F(\nu_0)| \leq \int_{-\infty}^{\infty} |f(x)| \, |\cos \nu x - \cos \nu_0 x| \, dx$$

$$= 2 \int_{-\infty}^{\infty} |f(x)| \left| \sin \frac{\nu_0 + \nu}{2} x \right| \left| \sin \frac{\nu_0 - \nu}{2} x \right| dx$$

$$\leq 2 \left(\int_{-\infty}^{-a} |f(x)| \, dx + \int_{-a}^{a} |f(x)| \left| \sin \frac{\nu - \nu_0}{2} x \right| dx + \int_{a}^{\infty} |f(x)| \, dx \right)$$

となります。この最後の括弧の中の 3 つの積分を評価しましょう。第 1 項と第 3 項について，$f(x)$ の絶対可積分性より $a > 0$ を十分大きくとると

$$\int_{-\infty}^{-a} |f(x)| \, dx < \frac{\varepsilon}{6}, \qquad \int_{a}^{\infty} |f(x)| \, dx < \frac{\varepsilon}{6}$$

となります。この a を固定しておきます。そこで第 2 項について $\delta = \varepsilon \left(3a \int_{-a}^{a} |f(x)| \, dx \right)^{-1}$ とおくと，$|\nu - \nu_0| < \delta$ のとき

$$\int_{-a}^{a} |f(x)| \left| \sin \frac{\nu - \nu_0}{2} x \right| dx \leq \int_{-a}^{a} |f(x)| \frac{|\nu - \nu_0|}{2} |x| \, dx$$

$$\leq \frac{a}{2} |\nu - \nu_0| \int_{-a}^{a} |f(x)| \, dx < \frac{\varepsilon}{6}$$

---

[2] 優関数の方法からわかります：$(-\infty, \infty)$ で区分的に連続な関数 $f(x)$ に対し，$(-\infty, \infty)$ で区分的に連続な絶対可積分関数 $g(x)$ で

$$|f(x)| \leq |g(x)| \qquad (-\infty < x < \infty)$$

を満たすものがあれば，$f(x)$ は $(-\infty, \infty)$ で絶対可積分である。

[3] x の関数 $f(x)$ が $x = x_0$ で連続であることの定義はつぎのとおり：
任意の正の実数 ε に対し，正の実数 δ が存在して

$$|x - x_0| < \delta \implies |f(x) - f(x_0)| < \varepsilon$$

が成り立つ。ここで，δ は ε と x_0 に依存する数である。

となります。以上により $|v - v_0| < \delta$ ならば

$$|F(v) - F(v_0)| < 2\left(\frac{\varepsilon}{6} + \frac{\varepsilon}{6} + \frac{\varepsilon}{6}\right) = \varepsilon$$

となって，$F(v)$ の連続性が示せました。$\int_{-\infty}^{\infty} f(x) \sin vx\, dx$ についても同様に示すことができます。□

注意 4.2.1 事実 4.2.1 の証明からわかるように $\int_{-\infty}^{\infty} f(x) \cos vx\, dx$ および $\int_{-\infty}^{\infty} f(x) \sin vx\, dx$ は v の関数として $(-\infty, \infty)$ で一様連続[4]である。この一様連続性は応用上有効である。♣

つぎの定理は定理 3.3.1 の一般化です。証明をみるとわかるように，定理 3.3.1 は区分的に連続な関数に対しても成り立ちます。

> ─ 無限区間のリーマン・ルベーグの定理 ───────────
>
> **定理 4.2.1** $f(x)$ を $(-\infty, \infty)$ で区分的に連続な絶対可積分関数とする。このとき
>
> $$\lim_{v \to \infty} \int_{-\infty}^{\infty} f(x) \cos vx\, dx = \lim_{v \to -\infty} \int_{-\infty}^{\infty} f(x) \cos vx\, dx = 0,$$
>
> $$\lim_{v \to \infty} \int_{-\infty}^{\infty} f(x) \sin vx\, dx = \lim_{v \to -\infty} \int_{-\infty}^{\infty} f(x) \sin vx\, dx = 0$$
>
> が成り立つ。

[証明]　$\lim_{v \to \infty} \int_{-\infty}^{\infty} f(x) \cos vx\, dx = 0$ のみ示します。他の式も同様ですので読者に委ねます。

まず，$f(x)$ が有限区間 $[a, b]$ で連続な場合を証明します。この場合 $f(x)$ は

---

[4] x の関数 $f(x)$ が区間 I で一様連続であることの定義はつぎのとおり：
任意の正の実数 ε に対し，正の実数 δ が存在して

$$|x - y| < \delta, \quad x \in I, y \in I \Longrightarrow |f(x) - f(y)| < \varepsilon$$

が成り立つ。ここで δ は ε のみに依存する数である。

リーマン積分可能ですから, $[a, b]$ の分割 $a = x_0 < x_1 < \ldots < x_{n-1} < x_n = b$ を十分細かくとると

$$0 \le \int_a^b f(x)\,dx - \sum_{k=1}^n m_k(x_k - x_{k-1}) < \frac{\varepsilon}{2} \tag{4.2.1}$$

とできます。ここで m_k は $f(x)$ の $[x_{k-1}, x_k]$ における最小値を表します ($k = 1, 2, 3, \ldots, n$)。3角不等式より

$$\left| \int_a^b f(x)\cos \nu x\,dx \right| \le \left| \int_a^b f(x)\cos \nu x\,dx - \sum_{k=1}^n \int_{x_{k-1}}^{x_k} m_k \cos \nu x\,dx \right|$$
$$+ \left| \sum_{k=1}^n \int_{x_{k-1}}^{x_k} m_k \cos \nu x\,dx \right|$$

となりますが, この右辺第 1 項は $f(x) \ge m_k$ ($x_{k-1} \le x \le x_k; k = 1, 2, 3, \ldots, n$) に注意して

$$\left| \sum_{k=1}^n \int_{x_{k-1}}^{x_k} (f(x) - m_k)\cos \nu x\,dx \right| \le \sum_{k=1}^n \int_{x_{k-1}}^{x_k} |f(x) - m_k||\cos \nu x|\,dx$$
$$\le \sum_{k=1}^n \int_{x_{k-1}}^{x_k} (f(x) - m_k)\,dx$$
$$= \int_a^b f(x)\,dx - \sum_{k=1}^n m_k(x_k - x_{k-1}) < \frac{\varepsilon}{2}$$

となります。一方, 第 2 項は

$$\left| \sum_{k=1}^n m_k \int_{x_{k-1}}^{x_k} \cos \nu x\,dx \right| \le \sum_{k=1}^n m_k \left| \frac{\sin \nu x_k - \sin \nu x_{k-1}}{\nu} \right|$$
$$\le \sum_{k=1}^n m_k \cdot \frac{2}{\nu}$$

となります。よって $\nu_0 = \frac{4}{\varepsilon} \sum_{k=1}^n m_k$ とおくと, $\nu > \nu_0$ ならば

$$\left| \int_a^b f(x)\cos \nu x\,dx \right| < \frac{\varepsilon}{2} + \frac{\varepsilon}{2} = \varepsilon$$

となり, $f(x)$ が連続なときの証明が終わります[5]。

つぎに, $f(x)$ が $[a, b]$ で区分的に連続な場合を示します。$f(x)$ の不連続点を $x_0 < x_1 < \ldots < x_n$ とすると ($a = x_0, x_n = b$ もありえる), 各区間 (x_{k-1}, x_k) ($k = 1, 2, 3, \ldots, n$) で $f(x)$ で連続ですから, さきに示したことより, これら各区間では定理が成り立ちます。したがって

$$\int_a^b f(x) \cos \nu x \, dx = \sum_{k=1}^n \int_{x_{k-1}}^{x_k} f(x) \cos \nu x \, dx \to 0 \qquad (\nu \to \infty)$$

となります。

最後に, $f(x)$ が $(-\infty, \infty)$ で区分的に連続な場合を示しましょう。任意の $\varepsilon > 0$ に対し, $a > 0$ を十分大きくとると, $f(x)$ の絶対可積分性より

$$\int_{-\infty}^{-a} |f(x)| \, dx < \frac{\varepsilon}{3}, \qquad \int_a^\infty |f(x)| \, dx < \frac{\varepsilon}{3}$$

が成立します。さらに, 有限区間 $[-a, a]$ においては定理が成り立ちますから, $\nu_0 > 0$ を十分大きくとれば, $\nu > \nu_0$ のとき

$$\left| \int_{-a}^a f(x) \cos \nu x \, dx \right| < \frac{\varepsilon}{3}$$

となります。したがって $\nu > \nu_0$ のとき

$$\left| \int_{-\infty}^\infty f(x) \cos \nu x \, dx \right| \le \int_{-\infty}^{-a} |f(x)| \, dx + \left| \int_{-a}^a f(x) \cos \nu x \, dx \right| + \int_a^\infty |f(x)| \, dx$$
$$< \frac{\varepsilon}{3} + \frac{\varepsilon}{3} + \frac{\varepsilon}{3} = \varepsilon$$

となり, 証明が終了します。□

つぎにディリクレ積分 (Dirichlet integral) について解説します。ディリクレ積分は補題 4.2.1 で表される積分です。通常は複素積分を用いた計算が標準的ですが, ここではディリクレ核を使って証明していきます。

---

[5] x の関数 $f(x)$ に対し, 極限 $\lim_{x \to \infty} f(x) = \alpha$ の定義はつぎのとおり: 任意の正の実数 ε に対し, 実数 x_0 が存在して
$$x > x_0 \Longrightarrow |f(x) - \alpha| < \epsilon$$
が成り立つ。$\lim_{x \to -\infty} f(x) = \alpha$ も同様に定義されます。

> ┌ ディリクレ積分 ─────────────────
>
> 補題 **4.2.1** 広義積分
> $$\int_0^\infty \frac{\sin x}{x}\,dx = \lim_{a\to\infty}\int_0^\infty \frac{\sin x}{x}\,dx \tag{4.2.2}$$
> は収束し, その値は $\frac{\pi}{2}$ である。

[証明]　最初に, $\lim_{x\to 0}\frac{\sin x}{x}=1$ より関数 $\frac{\sin x}{x}$ は区間 $[0,\infty)$ で区分的に連続なことに注意します。$0<p<q$ のとき

$$\int_p^q \frac{\sin x}{x}\,dx = \left[\frac{-\cos x}{x}\right]_p^q - \int_p^q \frac{\cos x}{x^2}\,dx = \frac{\cos p}{p} - \frac{\cos q}{q} - \int_p^q \frac{\cos x}{x^2}\,dx$$

より

$$\left|\int_p^q \frac{\sin x}{x}\,dx\right| \le \frac{1}{q} + \frac{1}{p} + \int_p^q \frac{1}{x^2}\,dx = \frac{1}{q} + \frac{1}{p} - \frac{1}{q} + \frac{1}{p} = \frac{2}{p}$$

となりますので, p を大きくとれば $|\int_p^q \frac{\sin x}{x}\,dx|$ はいくらでも小さくできます。したがって, コーシーの判定法から極限 $\lim_{a\to\infty}\int_0^a \frac{\sin x}{x}\,dx = I$ が存在します。

値 I を求めるために $a = (n+\frac{1}{2})\pi$ とおくと

$$I = \lim_{n\to\infty}\int_0^{(n+1/2)\pi} \frac{\sin x}{x}\,dx = \lim_{n\to\infty}\int_0^\pi \frac{\sin(n+\frac{1}{2})x}{x}\,dx \tag{4.2.3}$$

となります。一方, ディリクレ核 (3.3.9)

$$D_n(x) = \frac{1}{2} + \sum_{k=1}^n \cos kx = \frac{\sin(n+\frac{1}{2})x}{2\sin x/2}$$

は $\int_{-\pi}^\pi D_n(x)\,dx = \pi$ をみたしますから, $D_n(x)$ が偶関数であることに注意すると

$$\int_0^\pi \frac{\sin(n+\frac{1}{2})x}{2\sin\frac{x}{2}}\,dx = \frac{\pi}{2} \tag{4.2.4}$$

が成り立ちます。よって, (4.2.3), (4.2.4) より

$$I - \frac{\pi}{2} = \lim_{n\to\infty}\int_0^\pi \left(\frac{1}{x} - \frac{1}{2\sin\frac{x}{2}}\right)\sin(n+\frac{1}{2})x\,dx \tag{4.2.5}$$

となります。ここで, x の関数

$$f(x) = \frac{1}{x} - \frac{1}{2 \sin \frac{x}{2}}$$

は $\lim_{x \to 0} f(x) = 0$ を満たし, $[0, \pi]$ で区分的に連続になります。したがって定理 3.3.1 より (4.2.5) の右辺は 0 に収束し, $I - \frac{\pi}{2} = 0$ を得ます。□

さて, 補題 4.2.1 より広義積分 $\int_0^\infty \frac{\sin x}{x} \, dx$ は収束しますが, $\int_0^\infty \frac{|\sin x|}{x} \, dx$ は収束しないことがわかります。これは, 広義積分可能であっても絶対可積分でない関数の例を与えています。実際 $k = 1, 2, 3, \ldots$ に対し $x = (k-1)\pi + t$ とおくと

$$\int_{(k-1)\pi}^{k\pi} \frac{|\sin x|}{x} \, dx = \int_0^\pi \frac{\sin t}{(k-1)\pi + t} \, dt \geq \frac{1}{k\pi} \int_0^\pi \sin t \, dt$$

が成り立ちます。よって自然数 n に対し

$$\int_0^{n\pi} \frac{|\sin x|}{x} \, dx = \sum_{k=1}^n \int_{(k-1)\pi}^{k\pi} \frac{|\sin x|}{x} \, dx$$

$$\geq \left(\frac{1}{\pi} \int_0^\pi \sin t \, dt \right) \sum_{k=1}^n \frac{1}{k} \to \infty \quad (n \to \infty)$$

となるからです ($\sum_{n=1}^\infty 1/n$ は調和級数であり, これは発散します)。

問題 **4.2.1**

$$\int_0^\infty \frac{\sin x}{x} \, dx = \frac{\pi}{2}$$

を用いて, つぎの式を示せ。

$$\int_0^\infty \frac{\sin ax}{x} \, dx = \begin{cases} \dfrac{\pi}{2} & (a > 0) \\[2mm] -\dfrac{\pi}{2} & (a < 0) \end{cases} \tag{4.2.6}$$

これで準備が整いましたので, いよいよ定理 4.1.1 の証明に入ります。

[定理 4.1.1 の証明] $y_0 = f(x_0 + 0) + f(x_0 - 0)$ とおき, 任意の $-\infty < x_0 < \infty$ に対して

$$\lim_{a \to \infty} \frac{1}{\pi} \int_0^a \left(\int_{-\infty}^{\infty} f(u) \cos(u - x_0)\omega \, du \right) d\omega = \frac{y_0}{2}$$

が成り立つことを証明します。左辺の積分について $t = u - x_0$ と変数変換すると

$$\frac{1}{\pi} \int_0^a \left(\int_{-\infty}^{\infty} f(u) \cos \omega(u - x_0) \, du \right) d\omega = \frac{1}{\pi} \int_0^a \left(\int_{-\infty}^{\infty} f(x_0 + t) \cos \omega t \, dt \right) d\omega$$

$$= \frac{1}{\pi} \int_{-\infty}^{\infty} \left(\int_0^a f(x_0 + t) \cos \omega t \, d\omega \right) dt$$

$$= \frac{1}{\pi} \int_{-\infty}^{\infty} f(x_0 + t) \frac{\sin at}{t} \, dt \qquad (4.2.7)$$

となります。ここで第 2 の等号の積分順序の交換可能性の証明は後で与えます。さて, (4.2.7) の最後の積分を $\int_{-\infty}^{\infty} = \int_0^{\infty} + \int_{-\infty}^0$ とし, 第 2 項で t を $-t$ におきかえると

$$\int_0^{\infty} f(x_0 + t) \frac{\sin at}{t} \, dt + \int_{-\infty}^0 f(x_0 + t) \frac{\sin at}{t} \, dt$$

$$= \int_0^{\infty} f(x_0 + t) \frac{\sin at}{t} \, dt + \int_0^{\infty} f(x_0 - t) \frac{\sin at}{t} \, dt$$

$$= \int_0^{\infty} \frac{f(x_0 + t) + f(x_0 - t)}{t} \sin at \, dt$$

となりますので, 結局

$$\frac{1}{\pi} \int_0^a \left(\int_{-\infty}^{\infty} f(u) \cos \omega(u - x_0) \, du \right) d\omega$$

$$= \frac{1}{\pi} \int_0^{\infty} \frac{f(x_0 + t) + f(x_0 - t)}{t} \sin at \, dt \qquad (4.2.8)$$

が成り立ちます。いま $\delta > 0$ を 1 つとり, (4.2.8) の右辺を

$$\frac{1}{\pi} \int_0^\infty \frac{f(x_0 + t) + f(x_0 - t)}{t} \sin at\, dt$$

$$= \frac{1}{\pi} \int_0^\delta \frac{f(x_0 + t) + f(x_0 - t) - y_0}{t} \sin at\, dt$$

$$+ \frac{y_0}{\pi} \int_0^\delta \frac{\sin at}{t}\, dt + \frac{1}{\pi} \int_\delta^\infty \frac{f(x_0 + t) + f(x_0 - t)}{t} \sin at\, dt \qquad (4.2.9)$$

と表し, $a \to \infty$ のときの極限を調べます。(4.2.9) の右辺第 1 項について, f が区分的になめらかなことから

$$\frac{f(x_0 + t) + f(x_0 - t) - y_0}{t} = \frac{f(x_o + t) - f(x_0 + 0) + f(x_0 - t) - f(x_0 - 0)}{t}$$

は $0 \le t \le \delta$ で区分的に連続になります。よって定理 4.2.1 より

$$\lim_{a \to \infty} \frac{1}{\pi} \int_0^\delta \frac{f(x_0 + t) + f(x_0 - t) - y_0}{t} \sin at\, dt = 0$$

となります。つぎに (4.2.9) の右辺第 3 項について, $\delta \le t$ のとき

$$\left| \frac{f(x_0 + t) + f(x_0 - t)}{t} \right| \le \frac{1}{\delta} \left(|f(x_0 + t)| + |f(x_0 - t)| \right) \qquad (4.2.10)$$

となります。f の絶対可積分性から $f(x_0 + t)$, $f(x_0 - t)$ は $[\delta, \infty)$ で絶対可積分なので, (4.2.10) より $\frac{f(x_0+t)+f(x_0-t)}{t}$ も $[\delta, \infty)$ で絶対可積分となります。よって定理 4.2.1 より右辺第 3 項も $a \to \infty$ のとき 0 に収束します。最後に, (4.2.9) の右辺第 2 項については $s = at$ と変数変換して $a \to \infty$ とすると, 補題 4.2.1 より

$$\lim_{a \to \infty} \frac{y_0}{\pi} \int_0^\delta \frac{\sin at}{t}\, dt = \lim_{a \to \infty} \frac{y_0}{\pi} \int_0^{a\delta} \frac{\sin s}{s}\, ds = \frac{y_0}{\pi} \cdot \frac{\pi}{2} = \frac{y_0}{2}$$

を得ます。したがって, (4.2.8), (4.2.9) と以上の議論より

$$\lim_{a \to \infty} \frac{1}{\pi} \int_0^a \left(\int_{-\infty}^\infty f(u) \cos \omega(u - x_0)\, du \right) d\omega = 0 + \frac{y_0}{2} + 0 = \frac{y_0}{2}$$

となり, 示すべき式が得られました。最後に, (4.2.7) の第 2 の等号:

$$\int_0^a \left(\int_{-\infty}^\infty f(x_0 + t) \cos \omega t\, dt \right) d\omega = \int_{-\infty}^\infty \left(\int_0^a f(x_0 + t) \cos \omega t\, d\omega \right) dt \qquad (4.2.11)$$

を証明します。最初に，$\int_0^a f(x_0 + t) \cos \omega t\, d\omega = f(x_0 + t) t^{-1} \sin at$ は t について区分的に連続なことに注意しておきます。さて，任意の $\varepsilon > 0$ に対し，$f(x)$ の絶対可積分性から $p, q > 0$ を十分大きくとって

$$\left(\int_q^\infty + \int_{-\infty}^{-p} \right) |f(x_0 + t)|\, dt < \varepsilon \tag{4.2.12}$$

とできます。このとき

$$\left| \int_0^a \left(\int_{-\infty}^\infty f(x_0 + t) \cos \omega t\, dt \right) d\omega - \int_0^a \left(\int_{-p}^q f(x_0 + t) \cos \omega t\, dt \right) d\omega \right|$$

$$\leq \int_0^a \left\{ \left(\int_q^\infty + \int_{-\infty}^{-p} \right) |f(x_0 + t)|\, dt \right\} d\omega$$

$$< a\varepsilon$$

だから

$$\lim_{p,q \to \infty} \int_0^a \left(\int_{-p}^q f(x_0 + t) \cos \omega t\, dt \right) d\omega = \int_0^a \left(\int_{-\infty}^\infty f(x_0 + t) \cos \omega t\, dt \right) d\omega$$

が成り立ちます。一方，有限区間では積分順序は交換できて

$$\int_0^a \left(\int_{-p}^q f(x_0 + t) \cos \omega t\, dt \right) d\omega = \int_{-p}^q \left(\int_0^a f(x_0 + t) \cos \omega t\, d\omega \right) dt$$

ですから，結局

$$\int_0^a \left(\int_{-\infty}^\infty f(x_0 + t) \cos \omega t\, dt \right) d\omega = \lim_{p,q \to \infty} \int_0^a \left(\int_{-p}^q f(x_0 + t) \cos \omega t\, dt \right) d\omega$$

$$= \lim_{p,q \to \infty} \int_{-p}^q \left(\int_0^a f(x_0 + t) \cos \omega t\, d\omega \right) dt$$

$$= \int_{-\infty}^\infty \left(\int_0^a f(x_0 + t) \cos \omega t\, d\omega \right) dt$$

となります。以上により，証明が完了しました。□

4.3 フーリエ変換

4.3.1 フーリエ変換

フーリエの積分公式 (4.1.6) を指数関数 e^{ix} を用いて表すとつぎのようになります。

┌─ フーリエの積分公式の複素形 ─────────────────

定理 4.3.1 定理 4.1.1 の仮定の下で

$$f(x) = \lim_{a \to \infty} \frac{1}{2\pi} \int_{-a}^{a} \left\{ \int_{-\infty}^{\infty} f(u)e^{-i\omega(u-x)} \, du \right\} d\omega$$

が成り立つ。

└───────────────────────────────────

[証明]　公式 $\cos\theta = 2^{-1}(e^{i\theta} + e^{-i\theta})$ を用いると

$$\int_0^a \left(\int_{-\infty}^{\infty} f(u)\cos(u-x)\omega \, du \right) d\omega$$
$$= \frac{1}{2} \left\{ \int_0^a \left(\int_{-\infty}^{\infty} f(u)e^{i(u-x)\omega} \, du \right) d\omega + \int_0^a \left(\int_{-\infty}^{\infty} f(u)e^{-i(u-x)\omega} \, du \right) d\omega \right\} \quad (4.3.1)$$

となります。(4.3.1) の右辺の第 1 の積分で ω を $-\omega$ におきかえると

$$\int_0^a \left(\int_{-\infty}^{\infty} f(u)e^{i(u-x)\omega} \, du \right) d\omega = \int_{-a}^{0} \left(\int_{-\infty}^{\infty} f(u)e^{-i(u-x)\omega} \, du \right) d\omega$$

となります。これを (4.3.1) の右辺に代入すると, 定理の式が成り立つことがわかります。□

$(-\infty, \infty)$ で絶対可積分な関数 $f(x)$ に対し, $(-\infty, \infty)$ 上の関数 $\widehat{f}(\omega)$ を

$$\widehat{f}(\omega) = \frac{1}{2\pi} \int_{-\infty}^{\infty} f(x)e^{-i\omega u} \, dx \qquad (-\infty < \omega < \infty)$$

と定めます。関数 $\widehat{f}(\omega)$ を $f(x)$ のフーリエ変換（Fourier transform）といいます。

> 定理 **4.3.2** フーリエ変換 $\widehat{f}(\omega)$ はつぎの $(1), (2)$ を満たす。
> (1) $\widehat{f}(\omega)$ は $(-\infty, \infty)$ で連続かつ有界である。
> (2) $\displaystyle\lim_{\omega \to \infty} \widehat{f}(\omega) = \lim_{\omega \to -\infty} \widehat{f}(\omega) = 0$

[証明] オイラーの公式より

$$\int_{-\infty}^{\infty} f(x)e^{-i\omega x}\,dx = \int_{-\infty}^{\infty} f(x)\cos \omega x\,dx - i\int_{-\infty}^{\infty} f(x)\sin \omega x\,dx$$

ですから, 定理の主張は事実 4.2.1 と定理 4.2.1 からただちに導かれます。□

フーリエ変換の定義と定理 4.3.1 から, つぎの定理が得られます。

> ──フーリエの反転公式────────────────
>
> 定理 **4.3.3** $f(x)$ が定理 4.1.1 の条件を満たすとする。このとき $f(x)$ の
> フーリエ変換 $\widehat{f}(\omega)$ に対し, 等式
>
> $$f(x) = \lim_{a \to \infty}\int_{-a}^{a} \widehat{f}(\omega)e^{ix\omega}\,d\omega \tag{4.3.2}$$
>
> が成り立つ。

等式 (4.3.2) をフーリエの反転公式 (Fourier inversion formula) といいます。反転公式は, $\widehat{f}(\omega)$ によってもとの関数 $f(x)$ が復元されることを意味します。さて, $f(x)$ が絶対可積分であってもフーリエ変換 $\widehat{f}(\omega)$ は必ずしも絶対可積分であるとは限らないのですが, もし $\widehat{f}(\omega)$ が絶対可積分であるならば, 反転公式は

$$f(x) = \int_{-\infty}^{\infty} \widehat{f}(\omega)e^{ix\omega}\,d\omega \tag{4.3.3}$$

となります。(4.3.3) の右辺を $\widehat{f}(\omega)$ の逆フーリエ変換 (inverse Fourier transform) といいます。

注意 4.3.1 フーリエ変換と反転公式の表し方にはいくつかの流儀がある。たとえば

$$\widehat{f}(\omega) = \frac{1}{\sqrt{2\pi}} \int_{-\infty}^{\infty} f(x)e^{-i\omega x}\,dx, \qquad f(x) = \frac{1}{\sqrt{2\pi}} \int_{-\infty}^{\infty} \widehat{f}(\omega)e^{ix\omega}\,d\omega$$

とするものや

$$\widehat{f}(\omega) = \int_{-\infty}^{\infty} f(x)e^{-2\pi i\omega x}\,dx, \qquad f(x) = \int_{-\infty}^{\infty} \widehat{f}(\omega)e^{2\pi ix\omega}\,d\omega$$

とするものがあるが, これらに本質的な差異はない。♣

例題 4.3.1 関数

$$f(x) = \begin{cases} e^{-x}, & (x > 0) \\ \dfrac{1}{2}, & (x = 0) \\ 0, & (x < 0) \end{cases}$$

のフーリエ変換 $\widehat{f}(\omega)$ を求めよ。さらに, 反転公式 (4.3.2) を用いて

$$f(x) = \lim_{a \to \infty} \frac{1}{2\pi} \int_{-a}^{a} \frac{1}{1 + i\omega} e^{i\omega x}\,d\omega \quad (-\infty < x < \infty)$$

を示せ。

[解]　定義から

$$\begin{aligned} \widehat{f}(\omega) &= \frac{1}{2\pi} \int_{-\infty}^{\infty} f(x)e^{-i\omega x}\,dx \\ &= \frac{1}{2\pi} \int_{0}^{\infty} e^{-(1+i\omega)x}\,dx \\ &= \frac{1}{2\pi} \frac{-1}{1 + i\omega} \Big[e^{-(1+i\omega)x} \Big]_{0}^{\infty} \\ &= \frac{1}{2\pi} \frac{1}{1 + i\omega} \end{aligned}$$

となります。最後の等号で $\lim_{x \to \infty} e^{-(1+i\omega)x} = 0$ となるのは

$$\left| e^{-(1+i\omega)x} \right| = |e^{-x}||e^{-i\omega x}| = e^{-x} \to 0 \quad (x \to \infty)$$

からわかります。■

例題 **4.3.2** 関数

$$f(x) = \begin{cases} 1 - x^2 & (|x| \leq 1) \\ 0 & (|x| > 1) \end{cases}$$

のフーリエ変換 $\widehat{f}(\omega)$ を求めよ。

[解]　部分積分法を 2 回用いて

$$\begin{aligned}
\widehat{f}(\omega) &= \frac{1}{2\pi} \int_{-\infty}^{\infty} f(x) e^{-ix\omega}\, dx \\
&= \frac{1}{2\pi} \int_{-1}^{1} (1 - x^2) e^{-ix\omega}\, dx \\
&= \frac{1}{2\pi} \cdot \frac{2}{i\omega} \int_{-1}^{1} x e^{-ix\omega}\, dx \\
&= \frac{1}{i\omega\pi} \left\{ \left[\frac{x}{i\omega} e^{-ix\omega} \right]_{-1}^{1} - \frac{1}{i\omega} \int_{-1}^{1} e^{-ix\omega}\, dx \right\} \\
&= \frac{1}{i\omega\pi} \left(\frac{e^{i\omega} + e^{-i\omega}}{i\omega} - \frac{e^{i\omega} - e^{-i\omega}}{(i\omega)^2} \right) = \frac{2}{\pi\omega^3} (\sin\omega - \omega\cos\omega),
\end{aligned}$$

したがって

$$\widehat{f}(\omega) = \frac{2}{\pi\omega^3} (\sin\omega - \omega\cos\omega)$$

となります。■

問題 **4.3.1** 関数

$$f(x) = \begin{cases} 1 & (|x| < 1 \text{ のとき}) \\ 1/2 & (|x| = 1 \text{ のとき}) \\ 0 & (|x| > 1 \text{ のとき}) \end{cases}$$

のフーリエ変換 $\widehat{f}(\omega)$ を求めよ。さらに, 反転公式 (4.3.2) を用いて, つぎが成り立つことを示せ。

$$\lim_{a \to \infty} \int_{-a}^{a} \frac{\sin\omega}{\omega} e^{i\omega x}\, d\omega = \begin{cases} \pi & (|x| < 1 \text{ のとき}) \\ \pi/2 & (|x| = 1 \text{ のとき}) \\ 0 & (|x| > 1 \text{ のとき}) \end{cases} \tag{4.3.4}$$

注意 4.3.2 (4.3.4) はつぎのようにも表せる。♣

$$\int_0^\infty \frac{\sin \omega \cos \omega x}{\omega} d\omega = \begin{cases} \pi/2 & (|x| < 1 \text{ のとき}) \\ \pi/4 & (|x| = 1 \text{ のとき}) \\ 0 & (|x| > 1 \text{ のとき}) \end{cases}$$

問題 4.3.2 $k > 0$ のとき, 関数 $f(x) = e^{-k|x|}$ のフーリエ変換 $\widehat{f}(\omega)$ を求めよ。さらに, 反転公式から

$$f(x) = \frac{2k}{\pi} \int_0^\infty \frac{\cos \omega x}{k^2 + \omega^2} d\omega \quad (-\infty < x < \infty)$$

を導け。

問題 4.3.3 $f(x)$ が偶関数のとき, フーリエ変換は

$$\widehat{f}(\omega) = \frac{1}{\pi} \int_0^\infty f(x) \cos \omega x \, dx \tag{4.3.5}$$

となり, またその反転公式は

$$f(x) = 2 \int_0^\infty \widehat{f}(\omega) \cos \omega x \, d\omega$$

となることを示せ。また, $f(x)$ が奇関数のときは, フーリエ変換が

$$\widehat{f}(\omega) = -\frac{i}{\pi} \int_0^\infty f(x) \sin \omega x \, dx \tag{4.3.6}$$

となり, またその反転公式は

$$f(x) = 2i \int_0^\infty \widehat{f}(\omega) \sin \omega x \, d\omega$$

となることを示せ。

注意 4.3.3 (4.3.5) を $f(x)$ の余弦フーリエ変換 (Fourier cosine transform), (4.3.6) を $f(x)$ の正弦フーリエ変換 (Fourier sine transform) という。♣

4.3.2　フーリエ変換の諸性質

本節ではフーリエ変換の性質について調べます。

┌─ フーリエ変換の基本的性質 ─────────────

定理 **4.3.4** フーリエ変換について, 次の性質 (1) ～ (3) が成り立つ。

(1)　（線形性）$h(x) = af(x) + bg(x)$（a, b は定数）のとき

$$\widehat{h}(\omega) = a\widehat{f}(\omega) + b\widehat{g}(\omega)$$

(2)　（相似性）$h(x) = f(\lambda x)$（λ は 0 でない定数）のとき

$$\widehat{h}(\omega) = \frac{1}{|\lambda|}\widehat{f}(\frac{\omega}{\lambda})$$

(3)　（推移性）$h(x) = f(x - x_0)$（x_0 は定数）のとき

$$\widehat{h}(\omega) = e^{-ix_0\omega}\widehat{f}(\omega)$$

└─────────────────────────────

[証明]　(1) 積分の線形性より

$$\widehat{h}(\omega) = \frac{1}{2\pi}\int_{-\infty}^{\infty}(af(x) + bg(x))e^{-i\omega x}\, dx$$
$$= \frac{1}{2\pi}\left(a\int_{-\infty}^{\infty}f(x)e^{-i\omega x}\, dx + b\int_{-\infty}^{\infty}g(x)e^{-i\omega x}\, dx\right)$$
$$= a\widehat{f}(\omega) + b\widehat{g}(\omega)$$

となります。

(2) $\lambda > 0$ のとき, $t = \lambda x$ とおくと

$$\widehat{h}(\omega) = \lim_{a \to -\infty,\, b \to \infty} \frac{1}{2\pi} \int_a^b f(\lambda x) e^{-i\omega x}\, dx$$

$$= \lim_{a \to -\infty,\, b \to \infty} \frac{1}{2\pi} \int_{a\lambda}^{b\lambda} f(t) e^{-i\omega t/\lambda}\, \frac{dt}{\lambda}$$

$$= \frac{1}{2\pi} \int_{-\infty}^{\infty} f(t) e^{-i\omega t/\lambda}\, \frac{dt}{\lambda}$$

$$= \frac{1}{\lambda} \widehat{f}(\frac{\omega}{\lambda})$$

となります。同様にして $\lambda < 0$ のときは $\widehat{h}(\omega) = -\dfrac{1}{\lambda} \widehat{f}(\dfrac{\omega}{\lambda})$ となることがわかりますので, (2) が成り立ちます。

(3) $t = x - x_0$ とおくと

$$\widehat{h}(\omega) = \frac{1}{2\pi} \int_{-\infty}^{\infty} f(x - x_0) e^{-i\omega x}\, dx$$

$$= \frac{1}{2\pi} \int_{-\infty}^{\infty} f(t) e^{-i\omega(t + x_0)}\, dt$$

$$= e^{-i\omega x_0} \frac{1}{2\pi} \int_{-\infty}^{\infty} f(t) e^{-i\omega t}\, dt$$

$$= e^{-i\omega x_0} \widehat{f}(\omega)$$

となり, (3) が示せます。□

つぎに, C^1 級[6]関数についてフーリエ変換と微分の関係を調べましょう。

┌─ C^1 級関数 ─────────────────────

定理 **4.3.5** 関数 $f(x)$ が $(-\infty, \infty)$ で C^1 級で, かつ $f(x), f'(x)$ が絶対可積分ならば

$$\lim_{x \to \infty} f(x) = \lim_{x \to -\infty} f(x) = 0$$

が成り立つ。

────────────────────────────────

[6]関数 $f(x)$ が区間 I で n 回微分可能で, n 次導関数 $f^{(n)}(x)$ が連続なとき, $f(x)$ は I で C^n 級であるといいます。また, すべての n に対して $f(x)$ が C^n 級のとき, $f(x)$ は C^∞ 級であるといいます。

[証明] $f(x) = \int_0^x f'(s)\,ds + f(0)$ が成り立ちますから, $f'(x)$ の絶対可積分性より $\lim_{x\to\infty} f(x) = \int_0^\infty f'(s)\,ds + f(0) = \alpha$ が存在します。もし $\alpha \neq 0$ ならば, 十分大きな $x_0 > 0$ をとると

$$|f(x)| > \frac{|\alpha|}{2} \qquad (x > x_0)$$

となります。すると

$$\int_{x_0}^x |f(s)|\,ds > \int_{x_0}^x \frac{|\alpha|}{2}\,ds = \frac{|\alpha|}{2}(x - x_0) \to \infty \qquad (x \to \infty)$$

となって, $f(x)$ の絶対可積分性に矛盾します。よって $\alpha = 0$ が成り立ちます。すなわち,

$$\lim_{x\to\infty} f(x) = 0$$

が証明されました。$\lim_{x\to-\infty} f(x) = 0$ も同様に示せます。□

微分のフーリエ変換 ─────

定理 **4.3.6** つぎの (1), (2) が成り立つ。

(1) $f(x)$ が $(-\infty, \infty)$ で C^1 級, かつ $f(x), f'(x)$ が絶対可積分ならば

$$\widehat{f'}(\omega) = i\omega \widehat{f}(\omega)$$

が成り立つ。

(2) $f(x)$ が $(-\infty, \infty)$ で C^n 級, かつ $f(x), f^{(k)}(x)$ $(k = 1, 2, 3, \ldots, n)$ が絶対可積分ならば

$$\widehat{f^{(n)}}(\omega) = (i\omega)^n \widehat{f}(\omega)$$

が成り立つ。

[証明] (1) f' のフーリエ変換を定義に従い書き下し, 部分積分法と定理

4.3.5 より

$$\widehat{f'}(\omega) = \frac{1}{2\pi} \int_{-\infty}^{\infty} f'(x)e^{-\mathrm{i}\omega x}\,dx$$
$$= \frac{1}{2\pi} \left\{ \left[f(x)e^{-\mathrm{i}\omega x} \right]_{-\infty}^{\infty} + \mathrm{i}\omega \int_{-\infty}^{\infty} f(x)e^{-\mathrm{i}\omega x}\,dx \right\}$$
$$= \mathrm{i}\omega \widehat{f}(\omega)$$

となります。

(2) $f''(x)$ に (1) と同様の操作を行うと

$$\widehat{f''}(\omega) = \mathrm{i}\omega \widehat{f'}(\omega) = (\mathrm{i}\omega)^2 \widehat{f}(\omega)$$

となります。この操作を繰り返すことにより (2) の主張が得られます。□

フーリエ変換の微分

定理 4.3.7 つぎの (1), (2) が成り立つ。

(1) $f(x)$ を $(-\infty, \infty)$ で区分的に連続かつ絶対可積分な関数とする。も
し $xf(x)$ が絶対可積分ならば, $\widehat{f}(\omega)$ は C^1 級で

$$\frac{d}{d\omega}\widehat{f}(\omega) = \frac{1}{2\pi} \int_{-\infty}^{\infty} \frac{\partial}{\partial\omega} f(x)e^{-\mathrm{i}\omega x}\,dx = -\frac{\mathrm{i}}{2\pi} \int_{-\infty}^{\infty} xf(x)e^{-\mathrm{i}\omega x}\,dx$$

が成り立つ。

(2) $f(x)$ を $(-\infty, \infty)$ で区分的に連続かつ絶対可積分な関数とする。も
し $x^k f(x)\ (k = 1, 2, 3, \ldots, n)$ が絶対可積分ならば, $\widehat{f}(\omega)$ は C^n 級で

$$\frac{d^n}{d\omega^n}\widehat{f}(\omega) = \frac{(-\mathrm{i})^n}{2\pi} \int_{-\infty}^{\infty} x^n f(x)e^{-\mathrm{i}\omega x}\,dx$$

が成り立つ。

[証明] (1) $xf(x)$ が絶対可積分ですので, (4.2.11) の証明と同様にして

$$\int_0^\omega \left(\int_{-\infty}^{\infty} (-\mathrm{i}x)f(x)e^{-\mathrm{i}\omega x}\,dx \right) d\omega = \int_{-\infty}^{\infty} \left(\int_0^\omega (-\mathrm{i}x)f(x)e^{-\mathrm{i}\omega x}\,d\omega \right) dx$$

が成り立ちます。この右辺は

$$\int_{-\infty}^{\infty} f(x)\Big[e^{-\mathrm{i}\omega x}\Big]_0^{\omega}\,dx = \int_{-\infty}^{\infty} f(x)e^{-\mathrm{i}\omega x}\,dx - \int_{-\infty}^{\infty} f(x)\,dx$$

に等しいので

$$\int_0^{\omega}\left(\int_{-\infty}^{\infty}(-\mathrm{i}x)f(x)e^{-\mathrm{i}\omega x}\,dx\right)d\omega = \int_{-\infty}^{\infty} f(x)e^{-\mathrm{i}\omega x}\,dx - \int_{-\infty}^{\infty} f(x)\,dx$$

となります。この両辺を ω で微分すると, (1) が成り立つことがわかります。
(2) (1) を繰り返すことで, (2) の等式が得られます。□

例題 4.3.3 $a > 0$ として, つぎの関数 $f(x)$ のフーリエ変換 $\widehat{f}(\omega)$ を求めよ。

$$f(x) = e^{-ax^2} \tag{4.3.7}$$

[解]　積分を直接計算することは難しいので, つぎのような技巧を用います。
$\widehat{f}(\omega)$ を ω で微分すると, 定理 4.3.7 から

$$\begin{aligned}
\frac{d}{d\omega}\widehat{f}(\omega) &= \frac{-\mathrm{i}}{2\pi}\int_{-\infty}^{\infty} xe^{-ax^2}e^{-\mathrm{i}\omega x}\,dx \\
&= \frac{\mathrm{i}}{4a\pi}\int_{-\infty}^{\infty}\left(e^{-ax^2}\right)' e^{-\mathrm{i}\omega x}\,dx \\
&= \frac{\mathrm{i}}{4a\pi}\left(\left[e^{-ax^2}e^{-\mathrm{i}\omega x}\right]_{-\infty}^{\infty} + \mathrm{i}\omega\int_{-\infty}^{\infty} e^{-ax^2}e^{-\mathrm{i}\omega x}\,dx\right) \\
&= \frac{-\omega}{4a\pi}\int_{-\infty}^{\infty} e^{-ax^2}e^{-\mathrm{i}\omega x}\,dx \\
&= -\frac{\omega}{2a}\widehat{f}(\omega),
\end{aligned}$$

すなわち

$$\frac{d}{d\omega}\widehat{f}(\omega) = -\frac{\omega}{2a}\widehat{f}(\omega)$$

となります。上式は $\widehat{f}(\omega)$ に関する微分方程式と見なすことができます。こ
れは容易に解けてその一般解として

$$\widehat{f}(\omega) = Ce^{-\omega^2/4a}$$

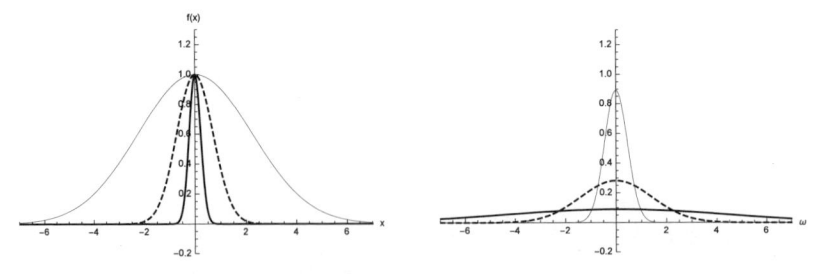

(1) ガウス関数 (4.3.7)：$a = 0.1$（細実線）, (2) フーリエ変換 (4.3.8)：線種はガウス関
$a = 1$（破線）, $a = 10$（太実線） 数に対応。

図 4.3.1: ガウス関数 (4.3.7) のグラフとそのフーリエ変換 (4.3.8) のグラフ

を得ます。ここで, C は定数です。この定数を決めるために, 微分積分学でよ
く知られた公式であるガウス積分（Gauss integral）$\int_{-\infty}^{\infty} e^{-x^2}\,dx = \sqrt{\pi}$ を用い
れば

$$C = \widehat{f}(0) = \frac{1}{2\pi} \int_{-\infty}^{\infty} e^{-ax^2}\,dx = \frac{1}{2\pi} \sqrt{\frac{\pi}{a}} = \frac{1}{\sqrt{4a\pi}}$$

となり, 結局

$$\widehat{f}(\omega) = \frac{1}{\sqrt{4a\pi}} e^{-\omega^2/4a} \tag{4.3.8}$$

を得ます。∎

注意 **4.3.4** 例題 4.3.3 で用いた関数 (4.3.7) はガウス関数（Gaussian function）
といわれ, 工学や確率論において中心的役割を果たす。この例題が示すよう
に, ガウス関数のフーリエ変換はガウス関数 (4.3.8) になるという著しい特徴
を示す。♣

図 4.3.1 にガウス関数とそのフーリエ変換のグラフを示します。a が小さい
ときには, ガウス関数はなだらかな曲線を描きますが, そのフーリエ変換は
$\omega = 0$ 付近で急峻なピークを持ちます。一方, ガウス関数が急峻なピークを
持っていればそのフーリエ変換はなだらかな曲線となります。

例題 **4.3.4** 関数 f と g の畳み込み積分[7]のフーリエ変換はつぎのようにして求めることができます。

$$\frac{1}{2\pi}\int_{-\infty}^{\infty}(f*g)(x)e^{-i\omega x}\,dx = \frac{1}{2\pi}\int_{-\infty}^{\infty}\left(\int_{-\infty}^{\infty}f(x-y)g(y)\,dy\right)e^{-i\omega x}\,dx$$

$$= \frac{1}{2\pi}\int_{-\infty}^{\infty}\left(\int_{-\infty}^{\infty}f(u)e^{-i\omega(u+y)}\,du\right)g(y)\,dy$$

$$= \frac{1}{2\pi}\left(\int_{-\infty}^{\infty}f(u)e^{-i\omega u}\,du\right)\left(\int_{-\infty}^{\infty}g(y)e^{-i\omega y}\,dy\right)$$

$$= 2\pi\widehat{f}(\omega)\widehat{g}(\omega)$$

このように畳み込み積分のフーリエ変換は，フーリエ変換の積（定数倍を除いて）として表すことができます。■

問題 **4.3.4** 関数 f と g の積のフーリエ変換を求めよ。

4.4　フーリエ変換の応用

この節ではフーリエ変換の応用例として，標本化定理，ポアソンの和公式を紹介し，さらに §2 で扱った偏微分方程式を再び取りあげます。

4.4.1　標本化定理とポアソンの和公式

まず，標本化定理を紹介します。信号伝送の分野では，送信側においてアナログ信号をデジタル信号に変換して送信し，受信側では変換されたデジタル信号から元信号であるアナログ信号を再生する必要があります。この技術に標本化定理は深くかかわっています。

---

[7]記号 $*$ で畳み込み積分を表し，

$$(f*g)(x) \equiv \int_{-\infty}^{\infty}f(x-y)g(y)\,dy$$

のことです。

標本化定理

定理 **4.4.1** 区間 $(-\infty, \infty)$ で区分的に連続な関数 $f(x)$ について, 正の定数 C があって

$$|f(x)| \le \frac{C}{1 + x^2} \tag{4.4.1}$$

が成り立つとする。もしフーリエ変換 $\widehat{f}(\omega)$ が

$$\widehat{f}(\omega) = 0, \qquad |\omega| > \pi \tag{4.4.2}$$

をみたすならば

$$f(x) = \sum_{n=-\infty}^{\infty} f(n) \frac{\sin \pi(x - n)}{\pi(x - n)} \tag{4.4.3}$$

が成り立つ。

[証明] 条件 (4.4.2) と定理 4.3.6（の証明）より $f(x)$ は C^∞ 級となることがわかります。さて $\widehat{f}(\omega)$ が (4.4.2) を満たすので, $\widehat{f}(\omega)$ の $|\omega| < \pi$ の部分を周期 2π の周期関数に拡張します。この周期関数を複素フーリエ級数に展開すると, $|\omega| < \pi$ のとき

$$\begin{aligned}
\widehat{f}(\omega) &= \sum_{n=-\infty}^{\infty} \left(\frac{1}{2\pi} \int_{-\pi}^{\pi} \widehat{f}(\omega) e^{-in\omega} \, d\omega \right) e^{in\omega} \\
&= \sum_{n=-\infty}^{\infty} \left(\frac{1}{2\pi} \int_{-\infty}^{\infty} \widehat{f}(\omega) e^{-in\omega} \, d\omega \right) e^{in\omega} \\
&= \frac{1}{2\pi} \sum_{n=-\infty}^{\infty} f(-n) e^{in\omega} = \frac{1}{2\pi} \sum_{n=-\infty}^{\infty} f(n) e^{-in\omega}
\end{aligned}$$

すなわち,

$$\widehat{f}(\omega) = \frac{1}{2\pi} \sum_{n=-\infty}^{\infty} f(n) e^{-in\omega}, \qquad |\omega| < \pi \tag{4.4.4}$$

となります。したがって,

$$f(x) = \int_{-\infty}^{\infty} \widehat{f}(\omega) e^{i\omega x} \, d\omega = \int_{-\pi}^{\pi} \widehat{f}(\omega) e^{i\omega x} \, d\omega$$

これに (4.4.4) を代入して

$$= \int_{-\pi}^{\pi} \left(\frac{1}{2\pi} \sum_{n=-\infty}^{\infty} f(n) e^{-in\omega} \right) e^{i\omega x} \, d\omega = \frac{1}{2\pi} \int_{-\pi}^{\pi} \sum_{n=-\infty}^{\infty} f(n) e^{i(x-n)\omega} \, d\omega \quad (4.4.5)$$

ここで, 条件 (4.4.1) を使うと

$$\sum_{n=-\infty}^{\infty} \left| f(n) e^{i(x-n)\omega} \right| \leq \sum_{n=-\infty}^{\infty} \frac{C}{1+n^2} = C + 2C \sum_{n=1}^{\infty} \frac{1}{1+n^2} < C + 2C \sum_{n=1}^{\infty} \frac{1}{n^2}$$

となり, $\sum_{n=1}^{\infty} \frac{1}{n^2}$ は収束するので, 上式左辺は ω について一様収束します。よって, (4.4.5) は項別積分可能となり

$$(4.4.5) = \frac{1}{2\pi} \sum_{n=-\infty}^{\infty} f(n) \int_{-\pi}^{\pi} e^{i(x-n)\omega} \, d\omega = \sum_{n=-\infty}^{\infty} f(n) \frac{e^{\pi i(x-n)} - e^{-\pi i(x-n)}}{2\pi i(x-n)}$$

$$= \sum_{n=-\infty}^{\infty} f(n) \frac{\sin \pi(x-n)}{\pi(x-n)}$$

となって, 求める式が得られます。□

注意 4.4.1 定理 4.4.1 は, 条件 (4.4.2) の下では $f(x)$ の整数 n における値（離散値）によって $f(x)$ が決定されることを意味している。この結果は, 情報理論において標本化された信号から元の信号を再現するときに用いられている。♣

例題 4.4.1 例として, 関数

$$f(x) = \frac{4 \cos \pi x}{1 - 4x^2} \tag{4.4.6}$$

を考えてみましょう。このフーリエ変換は

$$\widehat{f}(\omega) = \begin{cases} \cos \dfrac{\omega}{2} & (|\omega| \leq \pi) \\ 0 & (|\omega| > \pi) \end{cases} \tag{4.4.7}$$

と計算できます[8]。$f(x), \widehat{f}(\omega)$ とも定理の条件を満たしています。したがって, 定理の (4.4.3) より

$$
\begin{aligned}
\frac{4\cos\pi x}{1 - 4x^2} &= \sum_{n=-\infty}^{\infty} \frac{4\cos n\pi}{1 - 4n^2} \frac{\sin\pi(x-n)}{\pi(x-n)} \\
&= \sum_{n=-\infty}^{\infty} \frac{4\sin\pi x}{\pi} \frac{1}{(1 - 4n^2)(x-n)}
\end{aligned} \tag{4.4.8}
$$

となり, 上式右辺の離散値を使えば左辺の連続値である元信号を復元できることになります。図 4.4.1 に数値計算例を示します。同図 (1) は元信号である $f(x)$ (実線) と離散値から復元した信号 (破線 ($\sum_{n=-1}^{1}$) と細線 ($\sum_{n=-2}^{2}$)) を示しています。たかだか $\sum_{n=-2}^{2}$ で実用には十分な復元ができていることがわかります。同図 (2) は (1) の拡大図です。また, 同図 (3) は $\widehat{f}(\omega)$ を示しています。■

注意 **4.4.2** (4.4.8) より, 整数でない x に対して, 等式

$$
\pi\cot\pi x = \frac{1}{x} + \sum_{n=1}^{\infty}\left(\frac{1}{x-n} + \frac{1}{x+n}\right)
$$

が得られる。実際, (4.4.8) より整数と異なる x に対して

$$
\pi\cot\pi x = \sum_{n=-\infty}^{\infty} \frac{1 - 4x^2}{(1 - 4n^2)(x-n)} \tag{4.4.9}
$$

が成り立つ。(4.4.9) の右辺は

$$
\begin{aligned}
&\frac{1 - 4x^2}{x} + \sum_{n=1}^{\infty} \frac{1 - 4x^2}{(1 - 4n^2)(x-n)} + \sum_{n=1}^{\infty} \frac{1 - 4x^2}{(1 - 4n^2)(x+n)} \\
&\qquad = \frac{1}{x} - 4x + \sum_{n=1}^{\infty} \frac{2x(1 - 4x^2)}{(1 - 4n^2)(x^2 - n^2)}
\end{aligned}
$$

となるが, 部分分数分解

$$
\frac{2x(1 - 4x^2)}{(1 - 4n^2)(x^2 - n^2)} = 4x\left(\frac{1}{2n-1} - \frac{1}{2n+1}\right) + \frac{1}{x-n} + \frac{1}{x+n}
$$

---

[8](4.4.6) からフーリエ変換 (4.4.7) への計算には工夫を要しますが, その逆は反転公式により容易です。

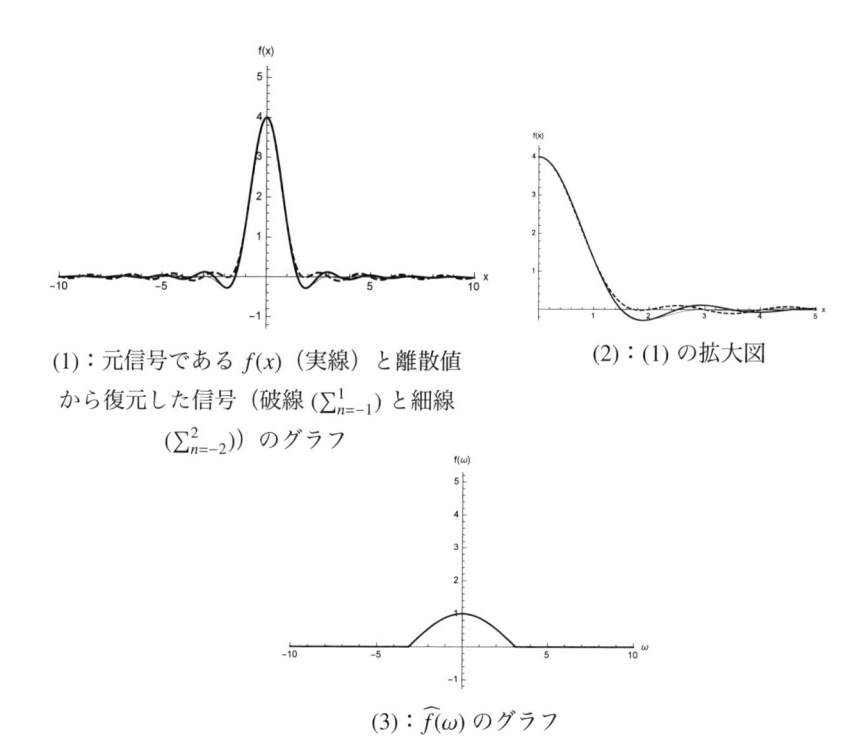

(1)：元信号である $f(x)$（実線）と離散値から復元した信号（破線 $(\sum_{n=-1}^{1})$ と細線 $(\sum_{n=-2}^{2}))$）のグラフ

(2)：(1) の拡大図

(3)：$\widehat{f}(\omega)$ のグラフ

図 4.4.1: 例題 4.4.1 の数値計算例

により, 結局

$$
\begin{aligned}
\pi \cot \pi x &= \frac{1}{x} - 4x + 4x + \sum_{n=1}^{\infty} \left(\frac{1}{x-n} + \frac{1}{x+n} \right) \\
&= \frac{1}{x} + \sum_{n=1}^{\infty} \left(\frac{1}{x-n} + \frac{1}{x+n} \right)
\end{aligned}
$$

を得る。♣

つぎにポアソン[9]（Poisson）の和公式について解説します。ポアソンの和公式はつぎです。

ポアソンの和公式

定理 **4.4.2** 関数 $f(x)$ は $(-\infty, \infty)$ で C^2 級で, 正の定数 C があって

$$|f(x)| + |f'(x)| + |f''(x)| \leq \frac{C}{1 + x^2} \tag{4.4.10}$$

を満たすとする。このとき

$$\sum_{n=-\infty}^{\infty} f(n) = 2\pi \sum_{n=-\infty}^{\infty} \widehat{f}(2\pi n) \tag{4.4.11}$$

が成り立つ。

[証明] $-\infty < x < \infty$ に対し

$$g(x) = \sum_{n=-\infty}^{\infty} f(x + n) \tag{4.4.12}$$

とおくと, (4.4.10) より $g(x)$ は C^2 級で $g(x + 1) = g(x)$, すなわち周期 1 の周期関数となります。よって $g(x)$ を複素フーリエ級数に展開すると

$$g(x) = \sum_{m=-\infty}^{\infty} c_m e^{2\pi i m x}, \tag{4.4.13}$$

ただし,

$$c_m = \int_0^1 g(x) e^{-2\pi i m x}\, dx \tag{4.4.14}$$

となります。

---

[9]Siméon Denis Poisson, 1781–1840. フーリエと同時代のフランスの数学者。

ここで, (4.4.10) より項別積分可能となることと, 整数 n, m に対して $e^{2\pi imn} = 1$ であることに注意すると

$$
\begin{aligned}
c_m &= \sum_{n=-\infty}^{\infty} \int_0^1 f(x+n)e^{-2\pi imx}\,dx \\
&= \sum_{n=-\infty}^{\infty} \int_n^{n+1} f(y)e^{-2\pi imy}\,dy \\
&= \int_{-\infty}^{\infty} f(y)e^{-2\pi imy}\,dy \\
&= 2\pi\widehat{f}(2\pi m),
\end{aligned}
$$

すなわち $c_m = 2\pi\widehat{f}(2\pi m)$ となります。よって (4.4.12), (4.4.13), (4.4.14) より

$$
\sum_{n=-\infty}^{\infty} f(x+n) = 2\pi \sum_{n=-\infty}^{\infty} \widehat{f}(2\pi m)e^{2\pi imx}
$$

が成り立ちます。この式で $x = 0$ とおくと, 求める式が得られます。□

注意 4.4.3 $f(x)$ のフーリエ変換を

$$
\widehat{f}(\omega) = \int_{-\infty}^{\infty} f(x)e^{-2\pi i\omega x}\,dx
$$

と定めた場合, (4.4.11) は

$$
\sum_{n=-\infty}^{\infty} f(n) = \sum_{n=-\infty}^{\infty} \widehat{f}(n)
$$

となり, より明解な式になる。♣

定理 4.4.2 で $f(x) = K_t(x) = \dfrac{e^{-x^2/4t}}{\sqrt{4\pi t}}$ (ガウス核) とおくと $\widehat{K_t}(\omega) = \dfrac{e^{-t\omega^2}}{2\pi}$ ですから, (4.4.11) より等式

$$
\frac{1}{\sqrt{4\pi t}} \sum_{n=-\infty}^{\infty} e^{-n^2/4t} = \sum_{n=-\infty}^{\infty} e^{-4\pi^2 n^2 t} \qquad (t > 0)
$$

を得ます。この式でさらに $4\pi t$ を t に置き替えると

$$\frac{1}{\sqrt{t}} \sum_{n=-\infty}^{\infty} e^{-n^2\pi/t} = \sum_{n=-\infty}^{\infty} e^{-\pi n^2 t}$$

が得られます。ここで右辺の関数を

$$\vartheta(t) = \sum_{n=-\infty}^{\infty} e^{-\pi n^2 t} \qquad (t > 0)$$

と表し，テータ関数といいます。上式はテータ関数 $\vartheta(t)$ について関数等式

$$\frac{1}{\sqrt{t}} \vartheta\Big(\frac{1}{t}\Big) = \vartheta(t)$$

が成り立つことを示します。テータ関数の値を求めるのに，t が大きいときは減少のスピードが速い右辺を使うのが効率がよく，逆に t が小さいときは左辺を用いるのが効率がよいということです。

　また，$f(x) = \frac{1}{x^2+a^2}$ $(a > 0)$ とおくと，問題 4.3.2 より $\widehat{f}(\omega) = e^{-a|\omega|}/2a$ がわかりますから，(4.4.11) より

$$\sum_{n=-\infty}^{\infty} \frac{1}{n^2 + a^2} = \frac{\pi}{a} \sum_{n=-\infty}^{\infty} e^{-2\pi a|n|} = \frac{\pi}{a} \frac{1 + e^{-2\pi a}}{1 - e^{-2\pi a}},$$

すなわち

$$\sum_{n=1}^{\infty} \frac{1}{n^2 + a^2} = \frac{\pi}{2a} \left(\coth(\pi a) - \frac{1}{\pi a} \right) \qquad (a > 0)$$

が得られます。

4.4.2　熱方程式の初期値問題

　両側に無限にのびるロッドに初期温度 $f(x)$ を与えて，温度分布 $u(x, t)$ の時間発展を求めます。$u(x, t)$ は熱方程式 (2.1.1) を満たしますから，この問題はつぎのように表せます（熱拡散率は $\kappa > 0$ とします）。

$$\begin{cases} \dfrac{\partial u}{\partial t} = \kappa \dfrac{\partial^2 u}{\partial x^2}, & -\infty < x < \infty, \;\; t > 0 \\[2mm] \text{初期条件：} u(x, 0) = f(x), & -\infty < x < \infty \end{cases} \qquad (4.4.15)$$

上記の問題をフーリエ変換を用いて解いてみましょう。関数 $f(x)$, $u(x,t)$ に対し、フーリエ変換の方法を用いるのに必要な条件はすべて満たされているものとします。解 $u(x,t)$ を t をパラメータとする x の関数とみなして、熱方程式 $u_t = \kappa u_{xx}$ の両辺[10]をフーリエ変換すると、左辺は

$$\widehat{\left(\frac{\partial u}{\partial t}\right)}(\omega, t) = \int_{-\infty}^{\infty} \frac{\partial u}{\partial t}(x, t)e^{-\mathrm{i}\omega x}\, dx$$

$$= \frac{\partial}{\partial t}\int_{-\infty}^{\infty} u(x, t)e^{-\mathrm{i}\omega x}\, dx = \frac{\partial}{\partial t}\widehat{u}(\omega, t)$$

となります。一方、定理 4.3.6 より右辺は $\kappa(\mathrm{i}\omega)^2\widehat{u}(\omega, t)$ に等しいですから、$\widehat{u}(\omega, t)$ は

$$\begin{cases} \dfrac{\partial}{\partial t}\widehat{u}(\omega, t) = -\kappa\omega^2\widehat{u}(\omega, t) \\ \widehat{u}(\omega, 0) = \widehat{f}(\omega) \end{cases} \tag{4.4.16}$$

を満たします。(4.4.16) は ω をパラメータとする t についての常微分方程式の初期値問題を表していますから、これを解くと

$$\widehat{u}(\omega, t) = \widehat{u}(\omega, 0)e^{-\kappa\omega^2 t} = \widehat{f}(\omega)e^{-\kappa\omega^2 t}$$

となります。したがって、反転公式 (4.3.3) を用いて（t をパラメータと考えて）

$$u(x, t) = \int_{-\infty}^{\infty} \widehat{u}(\omega, t)e^{\mathrm{i}\omega x}\, d\omega = \int_{-\infty}^{\infty} \widehat{f}(\omega)e^{-\kappa\omega^2 t}e^{\mathrm{i}\omega x}\, d\omega \tag{4.4.17}$$

が得られます。(4.4.17) はさらに

$$u(x, t) = \frac{1}{2\pi}\int_{-\infty}^{\infty}\left(\int_{-\infty}^{\infty} f(y)e^{-\mathrm{i}\omega y}\, dy\right)e^{-\kappa\omega^2 t}e^{\mathrm{i}\omega x}\, d\omega$$

$$= \frac{1}{2\pi}\int_{-\infty}^{\infty}\left(\int_{-\infty}^{\infty} e^{-\kappa\omega^2 t}e^{\mathrm{i}\omega(x-y)}\, d\omega\right)f(y)\, dy$$

$$= \frac{1}{\sqrt{4\kappa\pi t}}\int_{-\infty}^{\infty}\exp\left(-\frac{(x-y)^2}{4\kappa t}\right)f(y)\, dy$$

---

[10] $u_t = \frac{\partial u}{\partial t}$, $u_{xx} = \frac{\partial^2 u}{\partial x^2}$ の意味です。これらの記号も偏微分を表すのによく用います。

となります。ここで, 第 3 の等号に例題 4.3.3 から得られる等式

$$\frac{1}{2\pi} \int_{-\infty}^{\infty} e^{-a\omega^2} e^{-\mathrm{i}\omega x} \, d\omega = \frac{1}{\sqrt{4a\pi}} e^{-x^2/4a}$$

を用いました。以上により

$$u(x,t) = \frac{1}{\sqrt{4\kappa\pi t}} \int_{-\infty}^{\infty} \exp\left(-\frac{(x-y)^2}{4\kappa t}\right) f(y) \, dy \qquad (4.4.18)$$

が得られます。

　上の計算によって得られた $u(x,t)$ が実際に (4.4.15) の解になっているかどうかは検証する必要があります。このことについて, つぎの定理が知られています。証明は省略します。

初期値問題 (4.4.15) の解

> **定理 4.4.3** 関数 $f(x)$ が $(-\infty, \infty)$ で連続かつ有界であるならば
>
> $$u(x,t) = \begin{cases} \dfrac{1}{\sqrt{4\kappa\pi t}} \displaystyle\int_{-\infty}^{\infty} \exp\left(-\frac{(x-y)^2}{4\kappa t}\right) f(y) \, dy & (t > 0) \\ f(x) & (t = 0) \end{cases}$$
>
> は初期値問題 (4.4.15) の解である。さらに $u(x,t)$ は $t \geq 0$ で連続, $t > 0$ で C^∞ 級の関数である。

　関数 $K(x,t)$ を

$$K(x,t) = \frac{1}{\sqrt{4\kappa\pi t}} \exp\left(-\frac{x^2}{4\kappa t}\right)$$

と定めると, (4.4.18) は

$$u(x,t) = \int_{-\infty}^{\infty} K(x-y,t) f(y) \, dy \qquad (4.4.19)$$

と表せます。$u = K(x,t)$ は熱核（heat kernel, またはガウス核（Gaussian kernel））とよばれる関数で, 熱方程式 $u_t = u_{xx}$ の解にもなっています。初期値問題 (4.4.15) の解 (4.4.19) は $K(x,t)$ を用いた積分で表されていることから, $K(x,t)$ を熱方程式の基本解といいます。

問題 4.4.1 熱核 $K(x,t)$ が熱方程式の解であることを確かめよ。

4.4.3　波動方程式の初期値問題

　ここでは両側に無限にのびる棒の縦振動の問題を扱います。棒の縦振動は波動方程式 (2.2.1) で表されますが，これに初期条件を与えたつぎの問題をフーリエ変換を用いて解いてみましょう。

$$\begin{cases} \dfrac{\partial^2 u}{\partial t^2} = c^2 \dfrac{\partial^2 u}{\partial x^2}, & -\infty < x < \infty, \quad t > 0 \\[2mm] \text{初期条件}：u(x,0) = f(x), \dfrac{\partial u}{\partial t}(x,0) = g(x), & -\infty < x < \infty \end{cases} \tag{4.4.20}$$

ここで，$c = \sqrt{\dfrac{E}{\rho}}$ です。解 $u(x,t)$ を t をパラメータとする x の関数とみなして，波動方程式の両辺をフーリエ変換すると

$$\frac{\partial^2}{\partial t^2}\widehat{u}(\omega,t) = -c^2\omega^2\widehat{u}(\omega,t)$$

となります。これは ω をパラメータとする t についての常微分方程式を表していますから，これを解いて一般解

$$\widehat{u}(\omega,t) = A(\omega)\cos c|\omega|t + B(\omega)\sin c|\omega|t \tag{4.4.21}$$

が得られます。(4.4.20) の 2 つの初期条件をフーリエ変換した $\widehat{u}(\omega,0) = \widehat{f}(\omega)$，$\frac{\partial}{\partial t}\widehat{u}(\omega,0) = \widehat{g}(\omega)$ と (4.4.21) から $A(\omega), B(\omega)$ を求めると

$$A(\omega) = \widehat{f}(\omega), \quad B(\omega) = \frac{\widehat{g}(\omega)}{c|\omega|}$$

となります。これらを (4.4.21) に代入すると

$$\widehat{u}(\omega,t) = \widehat{f}(\omega)\cos c|\omega|t + \widehat{g}(\omega)\frac{\sin c|\omega|t}{c|\omega|}$$

となりますが，$\cos c\omega t$ と $(1/\omega)\sin c\omega t$ は ω の偶関数ですから

$$= \widehat{f}(\omega)\cos c\omega t + \widehat{g}(\omega)\frac{\sin c\omega t}{c\omega} \tag{4.4.22}$$

を得ます。よって，反転公式より

$$\begin{aligned} u(x,t) &= \int_{-\infty}^{\infty} \widehat{u}(\omega,t)e^{i\omega x}\,d\omega \\ &= \int_{-\infty}^{\infty} \widehat{f}(\omega)\cos c\omega t\, e^{i\omega x}\,d\omega + \int_{-\infty}^{\infty} \widehat{g}(\omega)\frac{\sin c\omega t}{c\omega}e^{i\omega x}\,d\omega \end{aligned} \tag{4.4.23}$$

となります。(4.4.23) の第 1 項について, $\cos c\omega t = 2^{-1}(e^{ic\omega t} + e^{-ic\omega t})$ を代入し, もう一度反転公式を使うと

$$\int_{-\infty}^{\infty} \widehat{f}(\omega) \cos c\omega t \, e^{i\omega x} \, d\omega = \frac{1}{2} \left\{ \int_{-\infty}^{\infty} \widehat{f}(\omega) e^{i(x+ct)\omega} \, d\omega + \int_{-\infty}^{\infty} \widehat{f}(\omega) e^{i(x-ct)\omega} \, d\omega \right\}$$

$$= \frac{1}{2} \{ f(x + ct) + f(x - ct) \} \tag{4.4.24}$$

となります。(4.4.23) の第 2 項は, 積分の順序を入れ替えて

$$\int_{-\infty}^{\infty} \widehat{g}(\omega) \frac{\sin c\omega t}{c\omega} e^{i\omega x} \, d\omega = \frac{1}{2\pi} \int_{-\infty}^{\infty} \left(\int_{-\infty}^{\infty} g(y) e^{-i\omega y} \, dy \right) \frac{\sin c\omega t}{c\omega} e^{i\omega x} \, d\omega$$

$$= \frac{1}{2c\pi} \int_{-\infty}^{\infty} \left(\int_{-\infty}^{\infty} \frac{\sin c\omega t}{\omega} e^{i\omega(x-y)} \, d\omega \right) g(y) \, dy \tag{4.4.25}$$

となります。ここで (4.4.25) の括弧の中の積分は, $u = c\omega t$ と変数変換して, (4.3.4) を用いると

$$\int_{-\infty}^{\infty} \frac{\sin c\omega t}{\omega} e^{i\omega(x-y)} \, d\omega = \lim_{a \to \infty} \int_{-a}^{a} \frac{\sin u}{u} \exp\left(\frac{iu(x-y)}{ct} \right) du$$

$$= \begin{cases} \pi & (x - ct < y < x + ct \, \text{のとき}) \\ 0 & (y < x - ct, \, x + ct < y \, \text{のとき}) \end{cases}$$

となり, これを (4.4.25) に代入して

$$\int_{-\infty}^{\infty} \widehat{g}(\omega) \frac{\sin c\omega t}{c\omega} e^{i\omega x} \, dx = \frac{1}{2c} \int_{x-ct}^{x+ct} g(y) \, dy \tag{4.4.26}$$

が得られます。結局, (4.4.24) と (4.4.26) より

$$u(x, t) = \frac{1}{2} \{ f(x + ct) + f(x - ct) \} + \frac{1}{2c} \int_{x-ct}^{x+ct} g(y) \, dy \tag{4.4.27}$$

が得られます。

注意 4.4.4 $f(x)$ が C^2 級で $g(x)$ が C^1 級のとき, (4.4.27) で与えられる $u(x, t)$ が初期値問題 (4.4.20) の解であることは, 簡単な計算によって確かめられます。♣

付録A 級数の収束・一様収束

A.1 数列, 級数

A.1.1 数列

数列は数列の項とよばれる数 z_n に正の整数 n を割り当て

$$z_1, z_2, z_3, \ldots$$

と書きます。あるいは,簡単に $\{z_n\}$ と書くこともあります。各項が実数ならば実数列 (real sequence) といいます。この章では各項が複素数として解説していきます。

収束性 収束数列 (convergent sequence) $z_1, z_2, z_3, \ldots$ は

$$\lim_{n\to\infty} z_n = c$$

で表すことができる極限 c をもつ数列です。

注意 A.1.1 収束数列 $z_1, z_2, z_3, \ldots$ は極限の定義より, 任意の $\varepsilon > 0$ に対して

$$|z_n - c| < \varepsilon \quad (\text{すべての } n > N \text{ に対して})$$

を満たす N が存在することである。♣

注意 A.1.2 収束しない数列を発散数列 (divergent sequence) という。♣

例題 A.1.1 (1) 数列 $\left\{\dfrac{i^n}{n}\right\}$ は収束数列 $\because \displaystyle\lim_{n\to\infty} \dfrac{i^n}{n} = 0.$
(2) 数列 $\{i^n\}$ は発散数列 ■

A.1.2　級数

数列 $z_1,\ z_2,\ z_3,\ \ldots$ が与えられているとき，無限級数

$$\sum_{m=1}^{\infty} z_m = z_1 + z_2 + z_3 \ldots \tag{A.1.1}$$

の n 番目の部分和（partial sum）は

$$s_n = z_1 + z_2 + z_3 + \ldots + z_n \quad (n = 1, 2, 3 \ldots) \tag{A.1.2}$$

で与えられます。このとき，収束級数（convergent series）とは

$$\lim_{n \to \infty} s_n = s$$

となる級数のことです。すなわち，

$$s = z_1 + z_2 + z_3 + z_3 + \ldots$$

です。s を和（sum of series）または級数の値（value of series）といいます。また，収束しない級数は発散級数（divergent series）といいます。

A.1.3　級数の収束と発散

┌─ 級数の収束 ─────────────────────────────

　定理 **A.1.1**　級数 $z_1 + z_2 + z_3 \ldots$ が収束するならば，$\lim_{m \to \infty} z_m = 0$ である。

└─────────────────────────────────────

なぜなら，$z_1 + z_2 + z_3 \ldots$ が収束するのでその和を s とすると，$z_m = s_m - s_{m-1}$ なので両辺の極限をとれば

$$\lim_{m \to \infty} z_m = \lim_{m \to \infty} (s_m - s_{m-1}) = \lim_{m \to \infty} s_m - \lim_{m \to \infty} s_{m-1} = s - s = 0$$

となるからです。

注意 **A.1.3**　定理 A.1.1 は収束するための必要条件で十分条件ではない。たとえば，調和級数（harmonic series）$1 + \frac{1}{2} + \frac{1}{3} + \ldots + \frac{1}{m} + \ldots$ は $\lim_{m \to \infty} \frac{1}{m} = 0$ となるが，これはよく知られるように発散級数である。♣

問題 **A.1.1** 調和級数が発散することを証明せよ（ヒント：調和級数を下から
おさえる数列を考え, これが発散することにより初等的にできる）。

問題 **A.1.2** 級数 $1 - \frac{1}{2} + \frac{1}{3} - \frac{1}{4} + \ldots$ を交代調和級数（alternating harmonic
series）という。これは収束する。その値は $\ln 2$ となることを導け（ヒント：
$\sum_{k=1}^{2n} \frac{(-1)^{k+1}}{k} = \sum_{k=1}^{n} \frac{1}{n+k}$ を使う）。

　級数の和は未知であることがほとんどですから何らかの判定手段が必要
となります。その 1 つとしてコーシー（Cauchy）の収束原理があります。

コーシーの収束原理

定理 **A.1.2** 級数 $z_1 + z_2 + z_3 + \ldots$ は任意の与えられた $\varepsilon > 0$ および任意
の $n > N$ に対して

$$|z_{n+1} + z_{n+2} + z_{n+3} + \ldots + z_{n+p}| < \varepsilon \quad (p = 1, 2, 3, \ldots) \qquad (A.1.3)$$

を満たすような N を見つけることができるときにかぎり収束する。

問題 **A.1.3** コーシーの収束原理により調和級数が収束しないことを言え。

定義 **A.1.1**（絶対収束）

$$\sum_{m=1}^{\infty} |z_m| = |z_1| + |z_2| + |z_3| + \ldots$$

が収束するとき, 級数 $z_1 + z_2 + z_3 + \ldots$ は絶対収束（absolute convergence）
するという。

絶対収束

定理 **A.1.3** 絶対収束する級数は収束する。

この定理の証明は容易なので読者の問題とします。

問題 **A.1.4** 定理 $A.1.3$ を証明せよ（ヒント：コーシーの収束原理を使う）。

> ┌─ 優級数による判定法 ──────────────
> │
> │ 定理 **A.1.4** 級数 $z_1 + z_2 + z_3 + \ldots$ に対して
> │
> │ $$|z_n| \leq b_n \quad (n = 1, 2, 3, \ldots)$$
> │
> │ を満たす非負の実数項をもつ収束級数 $b_1 + b_2 + b_3 + \ldots$ をみつけること
> │ ができれば, 与えられた級数は収束し, さらに絶対収束する。

この定理の証明も容易なので読者の問題とします。

問題 **A.1.5** 定理 $A.1.4$ を証明せよ（ヒント：コーシーの収束原理を 2 回使う）。

注意 **A.1.4** 定理 $A.1.4$ の級数 $b_1 + b_2 + b_3 + \ldots$ を優級数といい, これに対して級数 $z_1 + z_2 + z_3 + \ldots$ を劣級数という。♣

例題 **A.1.2** 問題 $A.1.2$ の交代調和級数をつぎのように書き換える。

$$
\begin{aligned}
\left(1 - \frac{1}{2}\right) + \left(\frac{1}{3} - \frac{1}{4}\right) + \left(\frac{1}{5} - \frac{1}{6}\right) + \ldots &= \frac{1}{2} + \frac{1}{12} + \frac{1}{30} + \ldots \\
&< \frac{1}{2} + \frac{1}{4} + \frac{1}{8} + \ldots \\
&= 1
\end{aligned}
\tag{A.1.4}
$$

第 2 行目は 1 行目の級数の優級数であり, したがって第 1 行目の級数は絶対収束する。しかし, 交代調和級数は問題 $A.1.2$ のように（条件付き）収束（conditional convergence）するが絶対収束はしない。■

> ┌─ リーマン（Riemann）の収束定理 ──────────
> │
> │ 定理 **A.1.5** 条件付き収束級数 $z_1 + z_2 + z_3 + \ldots$ は項の順序を入れ替える
> │ ことにより任意の実数に収束させることができる。

例題 **A.1.3** 再び, 問題 $A.1.2$ の交代調和級数をとりあげる。

$$1 - \frac{1}{2} + \frac{1}{3} - \frac{1}{4} + \frac{1}{5} - \frac{1}{6} + \frac{1}{7} - \frac{1}{8} + \frac{1}{9} - \frac{1}{10} + \ldots = \ln 2$$

$$1 + \frac{1}{3} - \frac{1}{2} + \frac{1}{5} + \frac{1}{7} - \frac{1}{4} + \frac{1}{9} + \frac{1}{11} - \frac{1}{6} + \ldots \quad = \frac{3}{2} \ln 2$$

$$1 - \frac{1}{2} - \frac{1}{4} + \frac{1}{3} - \frac{1}{6} - \frac{1}{8} + \frac{1}{5} - \frac{1}{10} - \frac{1}{12} + \ldots \quad = \frac{1}{2} \ln 2$$

などのように。■

A.1.4　比判定法

ここでは, 級数が収束するか発散するかの判定法を与えます。

┌─ 比判定法（ratio test）(1) ─────────────────

定理 **A.1.6** $z_n \neq 0$ $(n = 1, 2, 3, \ldots)$ である級数 $z_1 + z_2 + z_3 + \ldots$ が, $q < 1$ を一定としてある N 以上のすべての n に対して

$$\left| \frac{z_{n+1}}{z_n} \right| \leq q < 1 \quad (n > N) \tag{A.1.5}$$

ならば, この級数は絶対収束する。もしすべての $n > N$ に対して

$$\left| \frac{z_{n+1}}{z_n} \right| \geq 1 \quad (n > N) \tag{A.1.6}$$

ならば, この級数は発散する。

└────────────────────────────────

注意 **A.1.5** 定理 $A.1.6$ の $(A.1.5)$ において $q < 1$ の定数となることが重要である。注意 $A.1.3$ の調和級数はすべての n に対して $\frac{z_{n+1}}{z_n} = \frac{n}{n+1} < 1$ を満足するが, 収束はしない。♣

比判定法 (2)

定理 A.1.7 $z_n \neq 0$ $(n = 1, 2, 3, \ldots)$ である級数 $z_1 + z_2 + z_3 + \ldots$ に対して,
$\lim\limits_{n \to \infty} \left| \dfrac{z_{n+1}}{z_n} \right| = L$ とする。このとき
(1) $L < 1$ ならば, 級数は絶対収束する。
(2) $L > 1$ ならば, 級数は発散する。

注意 A.1.6 $L = 1$ のときには級数の収束・発散は分からない。たとえば, 調和級数は $L = 1$ であり, 発散する。また, 級数 $1 + \frac{1}{2^2} + \frac{1}{3^2} + \ldots$ [1] も $L = 1$ であるが, これは収束する。♣

A.2 ベキ級数

A.2.1 ベキ級数

z を複素変数とし

$$\sum_{n=0}^{\infty} a_n (z - z_0)^n = a_0 + a_1(z - z_0) + a_2(z - z_0)^2 + \ldots \tag{A.2.1}$$

を $z - z_0$ のベキで表されるベキ級数(power series)といいます。ここで, z_0(複素数あるいは実数)は級数の中心, $a_0, a_1, a_2, \ldots$(複素数あるいは実数の定数)を級数の係数とよびます。

ベキ級数の収束

定理 A.2.1 (1) ベキ級数 $(A.2.1)$ は中心 z_0 で収束する。
(2) ベキ級数 $(A.2.1)$ が点 $z = z^\star \neq z_0$ で収束するならば, $|z - z_0| < |z^\star - z_0|$ を満たすすべての z に対して絶対収束する。
(3) ベキ級数 $(A.2.1)$ が点 $z = z^\dagger$ で発散するならば, $|z - z_0| > |z^\dagger - z_0|$ を満たすすべての z に対して発散する。
---

[1]この級数はバーゼル問題といわれオイラーにより 1735 年に解かれました。ちなみに, $1 + \frac{1}{2^2} + \frac{1}{3^2} + \ldots = \frac{\pi^2}{6}$ となります。左辺の級数の和はリーマンのゼータ関数 $\zeta(s) = 1 + \frac{1}{2^s} + \frac{1}{3^s} + \ldots$ に $s = 2$ としたものであり, $\mathrm{Re}(s) > 1$ で絶対収束することが分かっています。

例題 **A.2.1**（ 定理 *A.2.1* の例 ）(1) 級数

$$\sum_{n=0}^{\infty} n! z^n = 1 + z + 2z^2 + \dots$$

は $z = 0$ でのみ収束する。任意の固定された $z(\neq 0)$ に対して

$$\left| \frac{(n+1)! z^{n+1}}{n! z^n} \right| = (n+1)|z| \to \infty \quad (n \to \infty)$$

となり, 定理 *A.1.7* 比判定法 (2) により発散することが分かる。

(2) 級数[2]

$$\sum_{n=0}^{\infty} \frac{z^n}{n!} = 1 + z + \frac{z^2}{2!} + \frac{z^3}{3!} + \dots$$

は任意の固定された $z(\neq 0)$ に対して

$$\left| \frac{z^{n+1}/(n+1)!}{z^n/n!} \right| = \frac{|z|}{n+1} \to 0 \quad (n \to \infty)$$

となり, 定理 *A.1.7* 比判定法 (2) によりすべての z に対して絶対収束する。

(3) 幾何級数（geometric series）

$$\sum_{n=0}^{\infty} z^n = 1 + z + z^2 + \dots$$

は $z = 1$ で発散するので $|z| \geq 1$ ならば発散する。$|z| < 1$ のときには絶対収束する。∎

A.2.2　ベキ級数の収束半径

ベキ級数 (A.2.1) が収束するすべての点を含んだ中心 z_0 の最小の円 $|z - z_0| = R$ を収束円とよび, この円の半径 R を (A.2.1) の収束半径（radius of convergence）といいます。定理 A.2.1 はつぎのことを意味しています。

ベキ級数 (A.2.1) は $|z - z_0| < R$ を満たすすべての z に対して収束し, $|z - z_0| > R$ を満たすすべての z に対して発散する

---

[2] e^z のマクローリン級数です。

ということです。なお, $|z - z_0| = R$, すなわち収束円上での収束に関しては一般的なことはいえません。

さて, 級数の係数から収束半径を決めたいわけですが, つぎの定理が有用です。

┌─── コーシー・アダマール（Cauchy–Hadamard）────────

定理 A.2.2 ベキ級数 (A.2.1) においてその係数がなす数列 $|\frac{a_{n+1}}{a_n}|$ ($n = 1, 2, 3, \ldots$) が極限 $L^\star$ に収束すると仮定する。このとき,

(1) $L^\star = 0$ ならば $R = \infty$, すなわち (A.2.1) はすべての z に対して収束する。

(2) $L^\star \neq 0$ ($L^\star > 0$) ならばつぎが成り立つ。

$$R = \frac{1}{L^\star} = \lim_{n \to \infty} \left| \frac{a_n}{a_{n+1}} \right| \tag{A.2.2}$$

(3) $|\frac{a_{n+1}}{a_n}| \to \infty$ ならば $R = 0$, すなわち中心 z_0 においてのみ収束する。

└──────────────────────────────────────

例題 A.2.2 ベキ級数 $\sum_{n=0}^{\infty} \frac{(2n)!}{(n!)^2}(z - 3i)^n$ の収束半径を求めよう。(A.2.2) より

$$
\begin{aligned}
R &= \lim_{n \to \infty} \frac{(2n)!/(n!)^2}{(2n+2)!/((n+1)!)^2} = \lim_{n \to \infty} \frac{(2n)!((n+1)!)^2}{(2n+2)!(n!)^2} \\
&= \lim_{n \to \infty} \frac{(2n)(2n-1)\ldots(n+2)(n+1)}{(2n+2)(2n+1)(2n)\ldots(n+2))} \frac{(n+1)!}{n!} \\
&= \lim_{n \to \infty} \frac{(n+1)^2}{(2n+2)(2n+1)} \\
&= \frac{1}{4}
\end{aligned}
$$

したがって, 収束半径は $\frac{1}{4}$ となりこのベキ級数は中心が 3i で半径が $\frac{1}{4}$ の開円板 $|z - 3i| < \frac{1}{4}$ の内部で収束する。■

A.3 一様収束

この節ではベキ級数の一様収束について解説します。一様収束は級数の項別積分と関係して重要なテーマです。各項が関数 $f_0(z), f_1(z), f_2(z), \ldots$ である

級数

$$\sum_{m=0}^{\infty} f_m(z) = f_0(z) + f_1(z) + f_2(z) + \ldots \qquad (A.3.1)$$

がある領域 D のすべての z に対して収束とします。その和を $s(z)$, また部分和を $s_n(z) = f_0(z) + f_1(z) + f_2(z) + \ldots + f_n(z)$ とします。

定義 **A.3.1** 和 $s(z)$ をもつ級数 $(A.3.1)$ がどのような $\varepsilon > 0$ に対しても z に 依存せず

$$|s(z) - s_n(z)| < \varepsilon \quad (\text{すべての } n > N(\varepsilon) \text{ と } D \text{ 内のすべての } z \text{ に対して})$$

を満たす $N = N(\varepsilon)$ が見いだせるならば, 級数 $(A.3.1)$ は領域 D 内で一様収束するという。

例題 **A.3.1** 幾何級数 $1 + z + z^2 + \ldots$ は
(1) 閉円板 $|z| \leq r < 1$ 内で一様収束する。
(2) 収束円板 $|z| < 1$ 全体内で一様収束ではない。
∵ 閉円板 $|z| \leq r$ 内の z に対して $|1 - z| \geq 1 - r$ となるので $\frac{1}{|1-z|} \leq \frac{1}{1-r}$. したがって,

$$|s(z) - s_n(z)| = \left| \sum_{m=n+1}^{\infty} z^m \right| = \left| \frac{z^{n+1}}{1-z} \right| \leq \frac{r^{n+1}}{1-r} \quad (\text{注}[3]\text{参照})$$

となる。$r < 1$ なので n を十分大きくとれば右辺はいくらでも小さくでき, z に依存していない。これは一様収束を意味している。一方, 与えられた $K \in \mathbb{R}$ と n に対して, 円板 $|z| < 1$ 内において z を十分 1 に近くとることで

$$\left| \frac{z^{n+1}}{1-z} \right| = \frac{|z|^{n+1}}{|1-z|} > K$$

となる z を円板内につねにみつけることができる。全円板内で与えられた $\varepsilon > 0$ より $|s(z) - s_n(z)|$ を小さくする $N(\varepsilon)$ がなくてもかまわないことを意味している。したがって, 定義より円板 $|z| < 1$ 内でその収束は一様ではない。
∎

---

[3] $s_n = \frac{1-z^{n+1}}{1-z} = \frac{1}{1-z} - \frac{z^{n+1}}{1-z}$ より $\frac{1}{1-z} = 1 + z + z^2 + \ldots + z^n + \frac{z^{n+1}}{1-z}$

┌─ ベキ級数の一様収束 ─────────────────────

定理 **A.3.1** 収束半径 $R(> 0)$ をもつベキ級数

$$\sum_{m=0}^{\infty} a_m(z - z_0)^m$$

は閉円板 $|z - z_0| \leq r \, (< R)$ で一様収束する。

└────────────────────────────────

┌─ 級数の和の連続 ──────────────────────

定理 **A.3.2**　級数

$$\sum_{m=0}^{\infty} f_m(z) = f_0(z) + f_1(z) + f_2(z) + \ldots \tag{A.3.2}$$

が領域 D 内で一様収束するとし, その和を $F(z)$ とする。このとき, $f_m(z)$ が D 内の点 $z^\star$ で連続ならば, 関数 $F(z)$ は $z^\star$ で連続である。

└────────────────────────────────

例題 **A.3.2**　$x \in \mathbb{R}$ として, 級数

$$x^2 + \frac{x^2}{1 + x^2} + \frac{x^2}{(1 + x^2)^2} + \ldots \tag{A.3.3}$$

は幾何級数 $1 + q + q^2 + \ldots$ において $q = \frac{1}{1+x^2}$ として各項に x^2 をかけたものである。$f_m(x) = \frac{x^2}{(1+x^2)^m}$ は $\lim_{x \to 0} f_m(x) = f_m(0) \, (= 0)$ となり各項は $x = 0$ で連続である。しかし, 和は $x \neq 0$ のときには, $F(x) = x^2 \cdot \frac{1}{1 - 1/(1+x^2)} = 1 + x^2$ となり, 一方 $x = 0$ のときには, $F(0) = 0$ となる。したがって, $\lim_{x \to 0} F(x) = 1 \neq F(0) = 0$ となり和は $x = 0$ で連続ではない。これは級数 $(A.3.3)$ が $0 \leq x \leq 1$ で（絶対収束はするが）一様収束ではないからである。■

　図 A.3.1 に級数 $(A.3.3)$ の和 $s(x)$ とその部分和 $s_n(x)$ を具体的に計算した結果を示しておきます。細い実線が $n = 100$ の部分和で破線が $n = 500$ の部分和を示しています。太い実線は級数の和ですが $x = 0$ で不連続になっています。

問題 **A.3.1**　級数 $(A.3.3)$ が $0 \leq x \leq 1$ で一様収束ではないことを証明せよ。

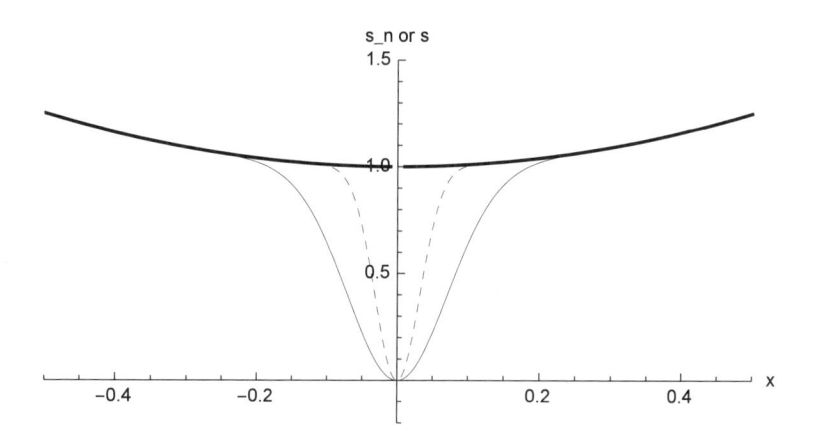

図 A.3.1: 級数 (A.3.3) の和 $s(x)$ とその部分和 $s_n(x)$ 細い実線が $n = 100$ で破線が $n = 500$. 太い実線が和であるが $x = 0$ で不連続になっているのがわかる。

項別積分

定理 A.3.3 級数 (A.3.2) が領域 D 内で連続な関数で一様収束するとし，その和を $F(z)$ とする。また，C は D 内の任意の道であるとする。このとき，級数

$$\sum_{m=0}^{\infty} \int_C f_m(z)\, dz = \int_C f_0(z)\, dz + \int_C f_1(z)\, dz + \int_C f_2(z)\, dz + \dots \quad (A.3.4)$$

は収束し，和 $\int_C F(z)\, dz$ をもつ。

注意 A.3.1 定理 $A.3.3$ は応用上重要な定理であり，級数が項別積分

$$\int_C \sum_{m=0}^{\infty} f_m(z)\, dz = \sum_{m=0}^{\infty} \int_C f_m(z)\, dz$$

できるためには級数が一様収束する必要があることをいっている。♣

　証明の前に一様収束しない級数の例を示しましょう。

例題 **A.3.3** $x \in I = [0, 1]$ で級数を

$$\sum_{m=1}^{\infty} f_m(x) = f_1(x) + f_2(x) + f_3(x) + \ldots \tag{A.3.5}$$

とする。ここに, $f_m(x) = g_m(x) - g_{m-1}(x),\ g_m(x) = mxe^{-mx^2}$. この級数の部分和 $s_n(x)$ は

$$\begin{aligned}
s_n(x) &= (g_1(x) - g_0(x)) + (g_2(x) - g_1(x)) + (g_3(x) - g_2(x)) \\
&\qquad\qquad + \ldots + (g_n(x) - g_{n-1}(x)) \\
&= g_n(x)
\end{aligned} \tag{A.3.6}$$

したがって, 級数の和 $F(x)$ は

$$F(x) = \lim_{n \to \infty} s_n(x) = \lim_{n \to \infty} g_n(x) = 0 \quad (0 \le x \le 1) \tag{A.3.7}$$

となる。よって, $(A.3.5)$ の左辺の区間 I での積分は

$$\int_0^1 \sum_{m=1}^{\infty} f_m(x)dx = \int_0^1 F(x)\, dx = 0 \tag{A.3.8}$$

を得る。一方, $(A.3.5)$ の右辺の積分は

$$\sum_{m=1}^{\infty} \int_0^1 f_m(x)\, dx = \lim_{n \to \infty} \sum_{m=1}^{n} \int_0^1 f_m(x)\, dx$$

となるが, ここで $\sum_{m=1}^{n} \int_0^1 f_m(x)\, dx = \int_0^1 s_n(x)\, dx$ であるから

$$\begin{aligned}
&= \lim_{n \to \infty} \int_0^1 s_n(x)\, dx \\
&= \lim_{n \to \infty} \int_0^1 g_n(x)\, dx \\
&= \lim_{n \to \infty} \frac{1}{2}(1 - e^{-n}) = \frac{1}{2}
\end{aligned}$$

したがって, 級数 $(A.3.5)$ は項別に積分できないことがわかる。この原因は級数 $(A.3.5)$ が（収束はするのだが）一様収束ではないためである。■

問題 **A.3.2** 級数 (A.3.5) が一様収束ではないことを証明せよ（ヒント：与えられた $\varepsilon(< 1)$ に対してすべての $n > N(\varepsilon)$ とすべての $x \in I$ について $|R_n(x)| = |F(x) - s_n(x)| = nxe^{-nx^2} < \varepsilon$ を満たすような ε のみに依存する N をみつけることができない。なぜか。剰余の絶対値 $|R_n(x)|$ の最大値をみつければよい。）。

定理 A.3.3 は理論上も応用上も重要ですから証明をのせておきます。

[定理 A.3.3 の証明]　$s_n(z)$ を級数の n 番目の部分和とし, $R_n(z)$ を対応する剰余とすると $F(z) = s_n(z) + R_n(z)$ となります。$F(z)$ は定理 A.3.2 により連続であり積分可能になるので, これを積分すると

$$\int_C F(z)\,dz = \int_C s_n(z)\,dz + \int_C R_n(z)\,dz \tag{A.3.9}$$

を得ます。積分の道 C の長さを L とすると, 仮定により与えられた級数は一様収束なので任意の $\varepsilon > 0$ に対してつぎの不等式を満たす数 N をみつけることができます。

$$|R_n(z)| < \frac{\varepsilon}{L} \quad （すべての n > N と D 内のすべての z に対して）$$

したがって,

$$\left| \int_C R_n(z)\,dz \right| < \frac{\varepsilon}{L}L = \varepsilon \quad （すべての n > N に対して）$$

となり, (A.3.9) より

$$\left| \int_C F(z)\,dz - \int_C s_n(z)\,dz \right| < \varepsilon \quad （すべての n > N に対して）$$

を得ることができます。上式により級数 (A.3.4) が収束してその和は $\int_C F(z)\,dz$ であることが証明されました。□

定理 A.3.3 からつぎの定理を導くことができます。

┌─ 項別微分 （term–by–term differentiation）───────

定理 **A.3.4** 級数 $f_0(z) + f_1(z) + f_2(z) + \ldots$ は領域 D で収束し，その和を $F(z)$ とする。級数 $f_0'(z) + f_1'(z) + f_2'(z) + \ldots$ の各項は D 内で連続あり，一様収束すると仮定する。このとき，

$$F'(z) = f_0'(z) + f_1'(z) + f_2'(z) + \ldots \quad (D\ 内のすべての\ z\ に対して)$$

が成り立つ。

└──────────────────────────────────

[証明のあらすじ]　仮定により級数 $f_0'(z) + f_1'(z) + f_2'(z) + \ldots$ が一様収束なのでその和が定義できて $\zeta(z)$ とします。また，この級数の各項が連続なので定理 A.3.3 により，

$$\int_{z_0}^{z_1} \zeta(z)\, dz = \int_{z_0}^{z_1} f_0'(z)\, dz + \int_{z_0}^{z_1} f_1'(z)\, dz + \int_{z_0}^{z_1} f_2'(z)\, dz + \ldots$$

を得ることができます。$Z'(z) = \zeta(z)$ とすると上式は

$$Z(z_1) - Z(z_0) = \big(f_0(z_1) + f_0(z_1) + f_0(z_1) + \ldots\big) - \big(f_0(z_0) + f_0(z_0) + f_0(z_0) + \ldots\big)$$
$$= F(z_1) - F(z_0) \tag{A.3.10}$$

となります。これは Z が F であることを意味しており結局 $\zeta(z) = F'(z)$ がいえます。□

┌──────────────────────────────────
ラグランジュは大数学者であると同時に哲学者でもあった。彼は全生涯を通じて，その日常の節制により，また生活の単純さと性格の高尚さとにより，さらに最後にその科学的業績の正確さと深さとによって，人類全体への不動の愛情を証明したのである。　　　　　　（フーリエ）
└──────────────────────────────────

つぎに一様収束の判定法について解説します。

┌─ ワイエルシュトラス（Weierstrass）の **M** 判定法 ──────

定理 A.3.5 級数

$$\sum_{m=0}^{\infty} f_m(z) = f_0(z) + f_1(z) + f_2(z) + \dots$$

が D 内のすべての z に対して, また, すべての $m = 0, 1, 2, \dots$ の対して, $|f_m(z)| \le M_m$ を満たす定数項よりなる収束級数

$$M_0 + M_1 + M_2 + \dots \tag{A.3.11}$$

をみつけることができれば, 所与の級数は一様収束する。

[証明]　級数 $M_0 + M_1 + M_2 + \dots$ は収束するのでコーシーの収束原理（定理 A.1.2）により任意の与えられた $\varepsilon > 0$ および任意の $n > N$ に対して

$$M_{n+1} + M_{n+2} + M_{n+3} + \dots + M_{n+p} < \varepsilon \quad (p = 1, 2, 3, \dots) \tag{A.3.12}$$

を満たすような N を見つけることができます（$M_m \ge 0$ に注意）。一方,

$$|f_{n+1}(z) + f_{n+2}(z) + \dots + f_{n+p}(z)| \le |f_{n+1}(z)| + |f_{n+2}(z)| + \dots + |f_{n+p}(z)|$$
$$\le M_{n+1} + M_{n+2} + \dots + M_{n+p} \tag{A.3.13}$$

が成り立つので (A.3.12) と (A.3.13) より z によらず

$$|f_{n+1}(z) + f_{n+2}(z) + \dots + f_{n+p}(z)| \le \varepsilon \tag{A.3.14}$$

となり, これは級数 $f_0(z) + f_1(z) + f_2(z) + \dots$ の一様収束を示しています。□

注意 A.3.2 定理 A.3.5 において, 級数 $f_0(z) + f_1(z) + f_2(z) + \dots$ は絶対収束することもいえる。

$$f_0(z) + f_1(z) + f_2(z) + \dots \le |f_0(z)| + |f_1(z)| + |f_2(z)| + \dots \le M_0 + M_1 + M_2 + \dots \tag{A.3.15}$$

となるので, 級数 $M_0 + M_1 + M_2 + \ldots$ は $f_0(z) + f_1(z) + f_2(z) + \ldots$ の優級数となり定理 $A.1.4$ により級数 $f_0(z) + f_1(z) + f_2(z) + \ldots$ は絶対収束する。♣

注意 A.3.3 絶対収束と一様収束は無関係である。$x \in \mathbb{R}$ として例題 $A.3.2$ の級数 $x^2 + \dfrac{x^2}{1 + x^2} + \dfrac{x^2}{(1 + x^2)^2} + \ldots$ は絶対収束するが一様収束ではないことがわかった。また, 級数 $\dfrac{1}{x^2 + 1} - \dfrac{1}{x^2 + 2} + \dfrac{1}{x^2 + 3} - \ldots$ は一様収束するが絶対収束しない。♣

問題 A.3.3 級数 $\dfrac{1}{x^2 + 1} - \dfrac{1}{x^2 + 2} + \dfrac{1}{x^2 + 3} - \ldots$ は一様収束するが絶対収束しないことを示せ。

真理は, はかり知れないほど価値のある宝だ。その獲得には, いかなる悔恨を伴うこともないし, 人の平和を乱すこともない。真理のもつこの世のものならむ魅力, その神々しい美しさをうっとり見入ることで, それを発見するために私たちがおこなった犠牲が報いられる。そして, 天が与える幸福とは, 不滅の真理をすべて所有することなのだ。

（コーシー：「はじめに」の脚注 4 より）

付 録 **B** **3**角関数公式

加法定理に関する公式

$$\sin x \sin y = \frac{1}{2}\cos(x-y) - \frac{1}{2}\cos(x+y)$$

$$\sin x \cos y = \frac{1}{2}\sin(x+y) + \frac{1}{2}\sin(x-y)$$

$$\cos x \cos y = \frac{1}{2}\cos(x+y) + \frac{1}{2}\cos(x-y)$$

$$\sin x \cos x = \frac{1}{2}\sin 2x$$

倍角などの公式

$$\sin^2 x = \frac{1}{2} - \frac{1}{2}\cos 2x$$

$$\cos^2 x = \frac{1}{2} + \frac{1}{2}\cos 2x$$

$$\sin^3 x = \frac{3}{4}\sin x - \frac{1}{4}\sin 3x$$

$$\cos^3 x = \frac{3}{4}\cos x + \frac{1}{4}\cos 3x$$

$$\sin^4 x = \frac{3}{8} - \frac{1}{2}\cos 2x + \frac{1}{8}\cos 4x$$

$$\cos^4 x = \frac{3}{8} + \frac{1}{2}\cos 2x + \frac{1}{8}\cos 4x$$

平均値の値

$$\frac{1}{2\pi}\int_{-\pi}^{\pi}\sin^2 x\,dx = \frac{1}{2\pi}\int_{-\pi}^{\pi}\cos^2 x\,dx = \frac{1}{2}$$

$$\frac{1}{2\pi}\int_{-\pi}^{\pi}\sin^4 x\,dx = \frac{1}{2\pi}\int_{-\pi}^{\pi}\cos^4 x\,dx = \frac{3}{8}$$

$$\frac{1}{2\pi}\int_{-\pi}^{\pi}\sin^2 x\cos^2 x\,dx = \frac{1}{8}$$

$$\frac{1}{2\pi}\int_{-\pi}^{\pi}\sin^6 x\,dx = \frac{1}{2\pi}\int_{-\pi}^{\pi}\cos^6 x\,dx = \frac{5}{16}$$

$$\frac{1}{2\pi}\int_{-\pi}^{\pi}\sin^4 x\cos^2 x\,dx = \frac{1}{2\pi}\int_{-\pi}^{\pi}\sin^2 x\cos^4 x\,dx = \frac{1}{16}$$

直交性の関係式

$$\int_{-\pi}^{\pi}\cos mx\,dx = 0 \qquad (m = 1, 2, 3, \ldots)$$

$$\int_{-\pi}^{\pi}\sin mx\,dx = 0 \qquad (m = 1, 2, 3, \ldots)$$

$$\int_{-\pi}^{\pi}\cos mx\cos nx\,dx = \pi\delta_{mn} \quad (m, n = 1, 2, 3, \ldots)$$

$$\int_{-\pi}^{\pi}\sin mx\sin nx\,dx = \pi\delta_{mn} \quad (m, n = 1, 2, 3, \ldots)$$

$$\int_{-\pi}^{\pi}\cos mx\sin nx\,dx = 0, \qquad (m, n = 1, 2, 3, \ldots)$$

δ_{mn} はクロネッカーのデルタ（32 頁参照）

付録C　フーリエ変換の性質と主な関数のフーリエ変換

C.1　フーリエ変換の性質

$f(x)$	$\widehat{f}(\omega)$	備考
$\displaystyle\int_{-\infty}^{\infty}\widehat{f}(\omega)e^{i\omega x}\,d\omega$	$\displaystyle\frac{1}{2\pi}\int_{-\infty}^{\infty}f(x)e^{-i\omega x}\,dx$	
$\alpha f(x)+\beta g(x)$	$\alpha\widehat{f}(\omega)+\beta\widehat{g}(\omega)$	線形性（定理 4.3.4）
$f(\alpha x)$	$\dfrac{1}{\lvert\alpha\rvert}\widehat{f}\!\left(\dfrac{\omega}{\alpha}\right)$	相似性（定理 4.3.4）
$f(x-\beta)$	$e^{-i\omega\beta}\widehat{f}(\omega)$	推移性（定理 4.3.4）
$\dfrac{df(x)}{dx}$	$i\omega\widehat{f}(\omega)$	導関数（定理 4.3.6）
$\dfrac{d^{n}f(x)}{dx^{n}}$	$(i\omega)^{n}\widehat{f}(\omega)$	n 次導関数（定理 4.3.6）
$-ixf(x)$	$\dfrac{d\widehat{f}(\omega)}{d\omega}$	像関数の導関数（定理 4.3.7）
$(-i)^{n}x^{n}f(x)$	$\dfrac{d^{n}\widehat{f}(\omega)}{d\omega^{n}}$	像関数の n 次導関数（定理 4.3.7）
$f(x)*g(x)$	$2\pi\widehat{f}(\omega)\widehat{g}(\omega)$	畳み込み積分（例題 4.3.4）
$f(x)\cdot g(x)$	$\widehat{f}(\omega)*\widehat{g}(\omega)$	関数の積（問題 4.3.4）

C.2 主な関数のフーリエ変換

$f(x)$	$\widehat{f}(\omega)$	備考
$\displaystyle\int_{-\infty}^{\infty} \widehat{f}(\omega)e^{\mathrm{i}\omega x}\,d\omega$	$\displaystyle\frac{1}{2\pi}\int_{-\infty}^{\infty} f(x)e^{-\mathrm{i}\omega x}\,dx$	
$e^{-\alpha x^2}$	$\dfrac{1}{\sqrt{4\pi\alpha}}e^{-\omega^2/4\alpha}$	ガウス関数
$\sqrt{\dfrac{\pi}{\beta}}e^{-x^2/4\beta}$	$e^{-\beta\omega^2}$	ガウス関数
$\delta(x - x_0)$	$\dfrac{1}{2\pi}e^{-\mathrm{i}\omega x_0}$	デルタ関数
1	$\delta(\omega)$	定数
$e^{-a\lvert x\rvert}$	$\dfrac{a}{\pi(\omega^2 + a^2)}$	指数関数
$f(x) = \begin{cases} 0 & (\lvert x\rvert > a) \\ 1 & (\lvert x\rvert < a) \end{cases}$	$\dfrac{\sin a\omega}{\pi\omega}$	区間の定数
$f(x) = \begin{cases} 0 & (\lvert x\rvert > \pi) \\ \cos x & (\lvert x\rvert < \pi) \end{cases}$	$\dfrac{\omega}{\pi}\dfrac{\sin \pi\omega}{1 - \omega^2}$	区間の余弦関数
$f(x) = \begin{cases} 0 & (\lvert x\rvert > \pi) \\ \sin x & (\lvert x\rvert < \pi) \end{cases}$	$-\dfrac{\mathrm{i}}{\pi}\dfrac{\sin \pi\omega}{1 - \omega^2}$	区間の正弦関数

付録D 問題の解答

D.1 いくつかの問題の解答

問題 3.1.3

$u = x - p$ と変数変換すると，f の周期性から

$$\int_p^{a+p} f(x)\,dx = \int_0^a f(u+p)\,du = \int_0^a f(u)\,du$$

これより等式が成り立つことがわかる。

問題 3.1.4　図 D.1.1 にグラフを示します。

問題 3.2.3　図 D.1.2 にグラフを示します。

(1)

$f(x)$ は奇関数だから $a_n = 0\ (n \geq 0)$. $b_n\ (n \geq 1)$ については

$$b_n = \frac{2}{\pi} \int_0^\pi (-2) \sin nx\,dx = \frac{4}{\pi} \cdot \frac{1}{n} [\cos nx]_0^\pi = \frac{4}{n\pi} (\cos n\pi - 1) = \frac{4((-1)^n - 1)}{n\pi}.$$

よって，$\dfrac{4}{\pi} \sum_{n=1}^\infty \dfrac{(-1)^n - 1}{n} \sin nx = -\dfrac{8}{\pi}(\sin x + \dfrac{1}{3} \sin 3x + \dfrac{1}{5} \sin 5x + \dfrac{1}{7} \sin 7x + \ldots).$

(2)

$$a_0 = \frac{1}{\pi}\left(\int_{-\pi}^{0}(-1)\,dx + \int_{0}^{\pi}2\,dx\right) = 1,$$

$$a_n = \frac{1}{\pi}\left(\int_{-\pi}^{0}(-\cos nx)\,dx + \int_{0}^{\pi}2\cos nx\,dx\right)$$

$$= \frac{1}{\pi}\left(\frac{-1}{n}\,[\sin nx]_{-\pi}^{0} + \frac{2}{n}\,[\sin nx]_{0}^{\pi}\right)$$

$$= \frac{1}{\pi}\left(\frac{-1}{n}(\sin 0 - \sin(-n\pi)) + \frac{2}{n}(\sin n\pi - \sin 0))\right) = 0 \ \ (n \geq 1),$$

$$b_n = \frac{1}{\pi}\left(\int_{-\pi}^{0}(-\sin nx)\,dx + \int_{0}^{\pi}2\sin nx\,dx\right)$$

$$= \frac{1}{\pi}\left(\frac{1}{n}[\cos nx]_{-\pi}^{0} - \frac{2}{n}[\cos nx]_{0}^{\pi}\right)$$

$$= \frac{1}{\pi}\left(\frac{1}{n}(\cos 0 - \cos(-n\pi)) - \frac{2}{n}(\cos n\pi - \cos 0)\right)$$

$$= \frac{3}{n\pi}(1 - \cos n\pi) = \frac{3}{n\pi}(1 - (-1)^n) \ \ (n \geq 1).$$

これより

$$\frac{1}{2} + \frac{3}{\pi}\sum_{n=1}^{\infty}\frac{1-(-1)^n}{n}\sin nx = \frac{1}{2} + \frac{6}{\pi}(\sin x + \frac{1}{3}\sin 3x + \frac{1}{5}\sin 5x + \ldots).$$

(3)

$$a_0 = \frac{1}{\pi} \left(\int_{-\pi}^{-\pi/2} (-1)\, dx + \int_0^{\pi/2} dx \right) = 0,$$

$$a_n = \frac{1}{\pi} \left(\int_{-\pi}^{-\pi/2} (-\cos nx)\, dx + \int_0^{\pi/2} \cos nx\, dx \right)$$

$$= \frac{1}{\pi} \left(\frac{-1}{n} [\sin nx]_{-\pi}^{-\pi/2} + \frac{1}{n} [\sin nx]_0^{\pi/2} \right)$$

$$= \frac{1}{\pi} \left(\frac{-1}{n} (\sin(-\frac{n\pi}{2}) - \sin(-n\pi)) + \frac{1}{n} (\sin \frac{n\pi}{2} - \sin 0) \right) = \frac{2}{n\pi} \sin \frac{n\pi}{2} \quad (n \geq 1),$$

$$b_n = \frac{1}{\pi} \left(\int_{-\pi}^{-\pi/2} (-\sin nx)\, dx + \int_0^{\pi/2} \sin nx\, dx \right)$$

$$= \frac{1}{\pi} \left(\frac{1}{n} [\cos nx]_{-\pi}^{-\pi/2} - \frac{1}{n} [\cos nx]_0^{\pi/2} \right)$$

$$= \frac{1}{\pi} \left(\frac{1}{n} (\cos(-\frac{n\pi}{2}) - \cos(-n\pi)) - \frac{1}{n} (\cos \frac{n\pi}{2} - \cos 0) \right) = \frac{1 - (-1)^n}{n\pi} \quad (n \geq 1)$$

より

$$\frac{1}{\pi} \sum_{n=1}^{\infty} \left(\frac{2}{n} \sin \frac{n\pi}{2} \cos nx + \frac{1 - (-1)^n}{n} \sin nx \right) = \frac{2}{\pi} (\cos x + \sin x - \frac{1}{3} \cos 3x$$
$$+ \frac{1}{3} \sin 3x + \ldots)$$

(4)

$p = 1$ だから

$$a_0 = \frac{2}{1} \int_{-1/2}^{1/2} f(x)\, dx = \frac{2}{1} \int_0^{1/4} dx = \frac{1}{2}.$$

$n \geq 1$ のとき

$$
\begin{aligned}
a_n &= \frac{2}{1} \int_{-1/2}^{1/2} f(x) \cos 2n\pi x \, dx \\
&= \frac{2}{1} \int_0^{1/4} \cos 2n\pi x \, dx = \frac{2}{1} \cdot \frac{1}{2n\pi} [\sin 2n\pi x]_0^{1/4} = \frac{1}{n\pi} \sin \frac{n\pi}{2}, \\
b_n &= \frac{2}{1} \int_{-1/2}^{1/2} f(x) \sin 2n\pi x \, dx \\
&= \frac{2}{1} \int_0^{1/4} \sin 2n\pi x \, dx = \frac{2}{1} \cdot \frac{-1}{2n\pi} [\cos 2n\pi x]_0^{1/4} = \frac{1}{n\pi}(1 - \cos \frac{n\pi}{2}).
\end{aligned}
$$

よって

$$
\begin{aligned}
\frac{1}{4} &+ \frac{1}{\pi} \sum_{n=1}^{\infty} \left(\frac{1}{n} \sin \frac{n\pi}{2} \cos 2n\pi x + \frac{1}{n}(1 - \cos \frac{n\pi}{2}) \sin 2n\pi x \right) \\
&= \frac{1}{4} + \frac{1}{\pi}(\cos 2\pi x + \sin 2\pi x + \sin 4\pi x - \frac{1}{3} \cos 6\pi x + \frac{1}{3} \sin 6\pi x + \ldots)
\end{aligned}
$$

(5)

$f(x)$ は奇関数だから $a_n = 0 \ (n \geq 0)$.

$n \geq 1$ のとき

$$
\begin{aligned}
b_n &= \frac{2}{1} \int_{-1/2}^{1/2} f(x) \sin 2n\pi x \, dx = 4 \int_0^{1/2} f(x) \sin 2n\pi x \, dx \\
&= 4 \int_0^{1/4} (-\sin 2n\pi x) dx = \frac{2}{n\pi}(\cos \frac{n\pi}{2} - 1).
\end{aligned}
$$

よって

$$
\frac{2}{\pi} \sum_{n=1}^{\infty} \frac{1}{n}(\cos \frac{n\pi}{2} - 1) \sin 2n\pi x = -\frac{2}{\pi}(\sin 2\pi x + \sin 4\pi x + \frac{1}{3} \sin 6\pi x + \frac{1}{5} \sin 10\pi x + \ldots).
$$

(6)

$p = 4$ です。$f(x)$ は偶関数だから $b_n = 0 \, (n \geq 1)$.

$$a_0 = \frac{2}{4} \int_{-2}^{2} f(x) \, dx = \frac{4}{4} \int_0^2 f(x) \, dx = \frac{4}{4} \int_0^1 dx = 1,$$

$$a_n = \frac{2}{4} \int_{-2}^{2} f(x) \cos \frac{n\pi}{2} x \, dx = \frac{4}{4} \int_0^2 f(x) \cos \frac{n\pi}{2} x \, dx$$

$$= \frac{4}{4} \int_0^1 \cos \frac{n\pi}{2} x \, dx = \frac{2}{n\pi} \sin \frac{n\pi}{2} \quad (n \geq 1).$$

よって

$$\frac{1}{2} + \frac{2}{\pi} \sum_{n=1}^{\infty} \frac{1}{n} \sin \frac{n\pi}{2} \cos \frac{n\pi}{2} x = \frac{1}{2} + \frac{2}{\pi} \left(\cos \frac{\pi}{2} x - \frac{1}{3} \cos \frac{3\pi}{2} x + \frac{1}{5} \cos \frac{5\pi}{2} x - \ldots \right)$$

(7)

$p = \pi$ です。$a_0 = \frac{2}{\pi} \int_{-\pi/2}^{\pi/2} f(x) \, dx = \pi.$

$n \geq 1$ のとき

$$a_n = \frac{2}{\pi} \int_{-\pi/2}^{\pi/2} f(x) \cos 2nx \, dx$$

$$= \frac{2}{\pi} \left(\int_{-\pi/2}^{-\pi/4} (-\pi \cos 2nx) dx + \int_{-\pi/4}^{\pi/2} \pi \cos 2nx \, dx \right)$$

$$= \frac{2}{\pi} \left(-\frac{\pi}{2n} [\sin 2nx]_{-\pi/2}^{-\pi/4} + \frac{\pi}{2n} [\sin 2nx]_{-\pi/4}^{\pi/2} \right) = \frac{2}{n} \sin \frac{n\pi}{2},$$

$$b_n = \frac{2}{\pi} \int_{-\pi/2}^{\pi/2} f(x) \sin 2nx \, dx$$

$$= \frac{2}{\pi} \left(\int_{-\pi/2}^{-\pi/4} (-\pi \sin 2nx) dx + \int_{-\pi/4}^{\pi/2} \pi \sin 2nx \, dx \right)$$

$$= \frac{2}{\pi} \left(\frac{\pi}{2n} [\cos 2nx]_{-\pi/2}^{-\pi/4} - \frac{\pi}{2n} [\cos 2nx]_{-\pi/4}^{\pi/2} \right) = \frac{2}{n} \left(\cos \frac{n\pi}{2} - (-1)^n \right).$$

よって

$$\frac{\pi}{2} + 2 \sum_{n=1}^{\infty} \left\{ \frac{1}{n} \sin \frac{n\pi}{2} \cos 2nx + \frac{1}{n} \left(\cos \frac{n\pi}{2} - (-1)^n \right) \sin 2nx \right\}.$$

(8)

$f(x)$ は奇関数だから $a_n = 0 \, (n \geq 0)$.

$$
\begin{aligned}
b_n &= \frac{1}{\pi} \int_{-\pi}^{\pi} f(x) \sin nx \, dx \\
&= \frac{2}{\pi} \int_{0}^{\pi} f(x) \sin nx \, dx \\
&= \frac{2}{\pi} \int_{\pi/2}^{\pi} \sin nx \, dx \\
&= \frac{2}{n\pi} \left(\cos \frac{n\pi}{2} - (-1)^n \right) \quad (n \geq 1).
\end{aligned}
$$

よって

$$
\frac{2}{\pi} \sum_{n=1}^{\infty} \frac{1}{n} \left(\cos \frac{n\pi}{2} - (-1)^n \right) \sin nx = \frac{2}{\pi} \left(\sin x - \sin 2x + \frac{1}{3} \sin 3x + \frac{1}{5} \sin 5x + \dots \right)
$$

問題 **3.2.4**　　　図 D.1.3 にグラフを示します。

(1)

$f(x)$ は奇関数.

$$
\frac{1}{\pi} \sum_{n=1}^{\infty} \frac{(-1)^{n+1}}{n} \sin 2n\pi x = \frac{1}{\pi} \left(\sin 2\pi x - \frac{1}{2} \sin 4\pi x + \frac{1}{3} \sin 3\pi x - \dots \right)
$$

(2)

$$
a_0 = \frac{1}{\pi} \int_{0}^{\pi} (\pi - x) \, dx = \frac{\pi}{2}.
$$

$n \geq 1$ のとき

$$a_n = \frac{1}{\pi} \int_0^\pi (\pi - x) \cos nx \, dx$$

$$= \frac{1}{\pi} \left\{ \left[(\pi - x)\frac{1}{n} \sin nx \right]_0^\pi + \frac{1}{n} \int_0^\pi \sin nx \, dx \right\}$$

$$= \frac{1}{\pi} \left\{ 0 - \frac{1}{n^2} [\cos nx]_0^\pi \right\} = \frac{1 - (-1)^n}{n^2 \pi},$$

$$b_n = \frac{1}{\pi} \int_0^\pi (\pi - x) \sin nx \, dx$$

$$= \frac{1}{\pi} \left\{ \left[(\pi - x)(-\frac{1}{n} \cos nx) \right]_0^\pi - \frac{1}{n} \int_0^\pi \cos nx \, dx \right\}$$

$$= \frac{1}{\pi} \left\{ \frac{\pi}{n} - \frac{1}{n^2} [\sin nx]_0^\pi \right\} = \frac{1}{n}.$$

よって

$$\frac{\pi}{4} + \sum_{n=1}^\infty \left(\frac{1 - (-1)^n}{n^2 \pi} \cos nx + \frac{1}{n} \sin nx \right) = \frac{\pi}{4} + \frac{2}{\pi} \cos x + \sin x$$

$$+ \frac{1}{2} \sin 2x + \frac{2}{9\pi} \cos 3x + \dots$$

(3)

例題 3.2.3 を参照のこと。

$$\frac{\pi}{2} - \frac{2}{\pi} \sum_{n=1}^\infty \frac{1 - (-1)^n}{n^2} \cos nx = \frac{\pi}{2} - \frac{4}{\pi} \left(\cos x + \frac{1}{3^2} \cos 3x + \frac{1}{5^2} \cos 5x + \dots \right)$$

(4)

$f(x)$ は偶関数。 $a_0 = \frac{2}{1} \int_{-1/2}^{1/2} x^2 \, dx = 4 \int_0^{1/2} x^2 \, dx = \frac{1}{6}.$

$$a_n = 4 \int_0^{1/2} x^2 \cos 2n\pi x \, dx = \frac{(-1)^n}{n^2 \pi^2} \quad (n \geq 1) \text{ より}$$

$$\frac{1}{12} + \frac{1}{\pi^2} \sum_{n=1}^\infty \frac{(-1)^n}{n^2} \cos 2n\pi x = \frac{1}{12} - \frac{1}{\pi^2} \left(\cos 2\pi x - \frac{1}{2^2} \cos 4\pi x + \frac{1}{3^2} \cos 6\pi x + \dots \right)$$

(5)

$$a_0 = \frac{2}{2} \int_0^2 x\,dx = 2,$$

$$a_n = \frac{2}{2} \int_0^2 x \cos n\pi x\,dx = 0,$$

$$b_n = \frac{2}{2} \int_0^2 x \sin n\pi x\,dx = -\frac{2}{n\pi} \quad (n \geq 1)$$

より

$$1 - \frac{2}{\pi} \sum_{n=1}^{\infty} \frac{\sin n\pi x}{n} = 1 - \frac{2}{\pi} \left(\sin \pi x + \frac{1}{2} \sin 2\pi x + \frac{1}{3} \sin 3\pi x + \dots \right)$$

(6)

$f(x)$ は奇関数。 $\displaystyle \sum_{n=1}^{\infty} \frac{\sin nx}{n} = \sin x + \frac{1}{2} \sin 2x + \frac{1}{3} \sin 3x + \dots$

(7)

$$\frac{1}{3} + \sum_{n=1}^{\infty} \left(\frac{1}{n^2\pi^2} \cos 2n\pi x - \frac{1}{n\pi} \sin 2n\pi x \right)$$

(8)

$f(x)$ は偶関数。 $\displaystyle a_0 = \frac{2}{\pi} \int_0^{\pi} \sin x\,dx = \frac{4}{\pi},$

$$\begin{aligned}
a_n = \frac{2}{\pi} \int_0^{\pi} \sin x \cos 2nx\,dx &= \frac{2}{\pi} \int_0^{\pi} \frac{1}{2} \{\sin(1+2n)x + \sin(1-2n)x\}\,dx \\
&= \frac{1}{\pi} \left[\frac{-1}{1+2n} \cos(1+2n)x - \frac{1}{1-2n} \cos(1-2n)x \right]_0^{\pi} \\
&= \frac{4}{\pi(1-(2n)^2)}. \quad (\cos(2\pi+\theta) = \cos\theta \text{ を用いた})
\end{aligned}$$

よって

$$\frac{2}{\pi} - \frac{4}{\pi} \sum_{n=1}^{\infty} \frac{\cos 2nx}{(2n)^2 - 1} = \frac{2}{\pi} - \frac{4}{\pi} \left(\frac{\cos 2x}{2^2 - 1} + \frac{\cos 4x}{4^2 - 1} + \frac{\cos 6x}{6^2 - 1} + \dots \right)$$

問題 **3.2.5**

§3.2.3 の議論を参照せよ。

問題 **3.2.6**

(1)

$f(x)$ を偶関数かつ周期 2π の周期関数に拡張する。

$$a_0 = \frac{2}{\pi} \int_0^\pi \left(\frac{\pi}{2} - x\right) dx = 0,$$

$$a_n = \frac{2}{\pi} \int_0^\pi \left(\frac{\pi}{2} - x\right) \cos nx \, dx$$

$$= \frac{2}{\pi} \left\{ \left[\left(\frac{\pi}{2} - x\right) \cdot \frac{1}{n} \sin nx \right]_0^\pi + \frac{1}{n} \int_0^\pi \sin nx \, dx \right\}$$

$$= \frac{2}{\pi} \frac{1 - (-1)^n}{n^2} \quad (n \geq 1)$$

より

$$f(x) \sim \frac{2}{\pi} \sum_{n=1}^\infty \frac{1 - (-1)^n}{n^2} \cos nx$$

$$= \frac{4}{\pi} \sum_{m=1}^\infty \frac{1}{(2m-1)^2} \cos(2m-1)x$$

(2)

$f(x)$ を偶関数かつ周期 2 の周期関数に拡張する。

$$a_0 = 2 \int_0^1 x(1-x) \, dx = \frac{1}{3},$$

$$a_n = 2 \int_0^1 x(1-x) \cos n\pi x \, dx = \frac{-2(1 + (-1)^n)}{n^2 \pi^2} \quad (n \geq 1)$$

より

$$f(x) \sim \frac{1}{6} - \frac{2}{\pi^2} \sum_{n=1}^\infty \frac{1 + (-1)^n}{n^2} \cos n\pi x$$

$$= \frac{1}{6} - \frac{1}{\pi^2} \sum_{m=1}^\infty \frac{1}{m^2} \cos 2m\pi x$$

問題 **3.2.7**

(1)

$f(x)$ を奇関数かつ周期 2π の周期関数に拡張する。$n \geq 1$ のとき

$$
\begin{aligned}
b_n &= \frac{2}{\pi} \int_0^{\pi} \left(\frac{\pi}{2} - x\right) \sin nx \, dx \\
&= \frac{2}{\pi} \left\{ \left[\left(\frac{\pi}{2} - x\right) \cdot \frac{-1}{n} \cos nx\right]_0^{\pi} - \frac{1}{n} \int_0^{\pi} \cos nx \, dx \right\} \\
&= \frac{(-1)^n + 1}{n}
\end{aligned}
$$

より

$$
\begin{aligned}
f(x) &\sim \sum_{n=1}^{\infty} \frac{(-1)^n + 1}{n} \cos nx \\
&= \sum_{m=1}^{\infty} \frac{1}{m} \sin 2mx
\end{aligned}
$$

(2)

$f(x)$ を奇関数かつ周期 2 の周期関数に拡張する。

$$
b_n = 2 \int_0^1 x(1 - x) \sin n\pi x \, dx = \frac{4(1 - (-1)^n)}{n^3 \pi^3} \quad (n \geq 1)
$$

より

$$
\begin{aligned}
f(x) &\sim \frac{4}{\pi^3} \sum_{n=1}^{\infty} \frac{1 - (-1)^n}{n^3} \sin n\pi x \\
&= \frac{8}{\pi^3} \sum_{m=1}^{\infty} \frac{1}{(2m - 1)^3} \sin(2m - 1)\pi x
\end{aligned}
$$

問題 **3.3.3**

例題 3.2.1 の関数 $f(x)$ は $x = \frac{\pi}{2}$ で連続だから

$$f\left(\frac{\pi}{2}\right) = \frac{4k}{\pi} \sum_{n=1}^{\infty} \frac{1}{2n-1} \sin(2n-1)\frac{\pi}{2}$$

が成り立つ。したがって

$$k = \frac{4k}{\pi}\left(1 - \frac{1}{3} + \frac{1}{5} - \frac{1}{7} + \ldots\right)$$

すなわち,

$$1 - \frac{1}{3} + \frac{1}{5} - \frac{1}{7} + \ldots = \frac{\pi}{4}$$

が成り立つ。一方, $f(x)$ は $x = 0$ で不連続だから

$$\frac{f(0-0) + f(0+0)}{2} = \frac{4k}{\pi} \sum_{n=1}^{\infty} \frac{1}{2n-1} \sin(2n-1) \cdot 0$$

上式は自明な等式 $0 = 0$ である。

問題 **3.3.4**

$f(x)$ はすべての x で連続である。よって, $-\infty < x < \infty$ に対して

$$f(x) = \frac{1}{12} + \frac{1}{\pi^2} \sum_{n=1}^{\infty} \frac{(-1)^n}{n^2} \cos 2n\pi x$$

が成り立つ。この式に $x = 0$ を代入すると

$$\sum_{n=1}^{\infty} \frac{(-1)^{n+1}}{n^2} = \frac{\pi^2}{12}$$

を得る。また, $x = \frac{1}{2}$ を代入することにより

$$\sum_{n=1}^{\infty} \frac{1}{n^2} = \frac{\pi^2}{6}$$

を得る。

問題 3.3.5

$f(x)$ は偶関数だから $b_n = 0$ $(n \geq 1)$ である。

$$a_0 = \frac{2}{\pi} \int_0^\pi \cos zx\, dx = \frac{2}{\pi z} \sin z\pi,$$

$$a_n = \frac{1}{\pi} \left[\frac{1}{z+n} \sin(z+n)x + \frac{1}{z-n} \sin(z-n)x \right]_0^\pi$$

$$= \frac{1}{\pi} \left(\frac{1}{z+n} + \frac{1}{z-n} \right) \sin z\pi \cos n\pi$$

$$= \frac{2z \sin z\pi}{\pi} \frac{(-1)^n}{z^2 - n^2} \quad (n \geq 1)$$

したがって, $f(x)$ がすべての x で連続なことに注意するとつぎが成り立つ。

$$f(x) = \frac{2z \sin z\pi}{\pi} \left(\frac{1}{2z^2} + \sum_{n=1}^{\infty} \frac{(-1)^n}{z^2 - n^2} \cos nz \right) \quad (-\infty < x < \infty)$$

問題 3.3.6

(1)

$f(x)$ は偶関数だから $b_n = 0$ $(n \geq 1)$ である。

$$a_0 = \frac{2}{\pi} \int_0^\pi \frac{e^x + e^{-x}}{2} dx$$

$$= \frac{1}{\pi} (e^\pi - e^{-\pi}),$$

$$a_n = \frac{2}{\pi} \int_0^\pi \frac{e^x + e^{-x}}{2} \cos nx\, dx$$

$$= \frac{1}{\pi} \left[\frac{(e^x - e^{-x}) \cos nx}{1 + n^2} + \frac{n(e^x + e^{-x}) \sin nx}{1 + n^2} \right]_0^\pi$$

$$= \frac{e^\pi - e^{-\pi}}{\pi} \frac{(-1)^n}{1 + n^2} \quad (n \geq 1)$$

これより, $f(x)$ がすべての x で連続なことに注意して, $f(x)$ のフーリエ展開

$$f(x) = \frac{e^\pi - e^{-\pi}}{2\pi} + \frac{e^\pi - e^{-\pi}}{\pi} \sum_{n=1}^{\infty} \frac{(-1)^n}{1 + n^2} \cos nx \quad (-\infty < x < \infty)$$

を得る。

問題 **3.3.9**

(1)

$a_n = 0 \ (n \geq 0), \ b_n = \frac{4}{n\pi}((-1)^n - 1), \ f^2(x) = 4 \ (-\pi < x < \pi)$ をパーセバルの等式にあてはめると

$$\frac{1}{\pi}\int_{-\pi}^{\pi} 4\,dx = \sum_{n=1}^{\infty}\frac{16((-1)^n - 1)^2}{n^2\pi^2}$$

となり, これより

$$\sum_{m=1}^{\infty}\frac{1}{(2m-1)^2} = \frac{\pi^2}{8}$$

が得られる。

(2)~(5) は省略。

問題 **4.1.1**

$f(x)$ は奇関数だから (4.1.8) に当てはめると

$$\int_0^{\infty} f(u)\sin \omega u\,du = \int_0^{\pi}\sin u\sin \omega u\,du$$
$$= \frac{1}{2}\int_0^{\pi}\Big(\cos(\omega - 1)u - \cos(\omega + 1)u\Big)du$$
$$= \frac{\sin \pi\omega}{1 - \omega^2}$$

より

$$f(x) = \frac{2}{\pi}\int_0^{\infty}\frac{\sin \pi\omega}{1 - \omega^2}\sin \omega x\,d\omega$$

ここで, 上式にて $x = \pi$ とおくと

$$0 = \frac{2}{\pi}\int_0^{\infty}\frac{\sin^2 \pi\omega}{1 - \omega^2}\,d\omega$$

問題 **4.1.2**

$f(x)$ は偶関数だから (4.1.7) に当てはめる。

$$
\begin{aligned}
\int_0^\infty f(u) \cos \omega u\, du &= \int_0^1 u \cos \omega u\, du \\
&= \left[\frac{u}{\omega} \sin \omega u \right]_0^1 - \frac{1}{\omega} \int_0^1 \sin \omega u\, du \\
&= \frac{\sin \omega}{\omega} + \frac{\cos \omega - 1}{\omega^2}
\end{aligned}
$$

より求める式が得られる。

問題 **4.3.1**

$$
\widehat{f}(\omega) = \frac{\sin \omega}{\pi \omega}
$$

問題 **4.3.2**

$$
\begin{aligned}
\int_{-\infty}^\infty e^{-k|x|} e^{-i\omega x} dx &= \int_0^\infty e^{-kx} e^{-i\omega x} dx + \int_{-\infty}^0 e^{kx} e^{-i\omega x} dx \\
&= \frac{-1}{k + i\omega} \left[e^{-(k+i\omega)x} \right]_0^\infty + \frac{1}{k - i\omega} \left[e^{(k-i\omega)x} \right]_{-\infty}^0 \\
&= \frac{2k}{k^2 + \omega^2}
\end{aligned}
$$

より

$$
\widehat{f}(\omega) = \frac{k}{\pi} \frac{1}{k^2 + \omega^2}.
$$

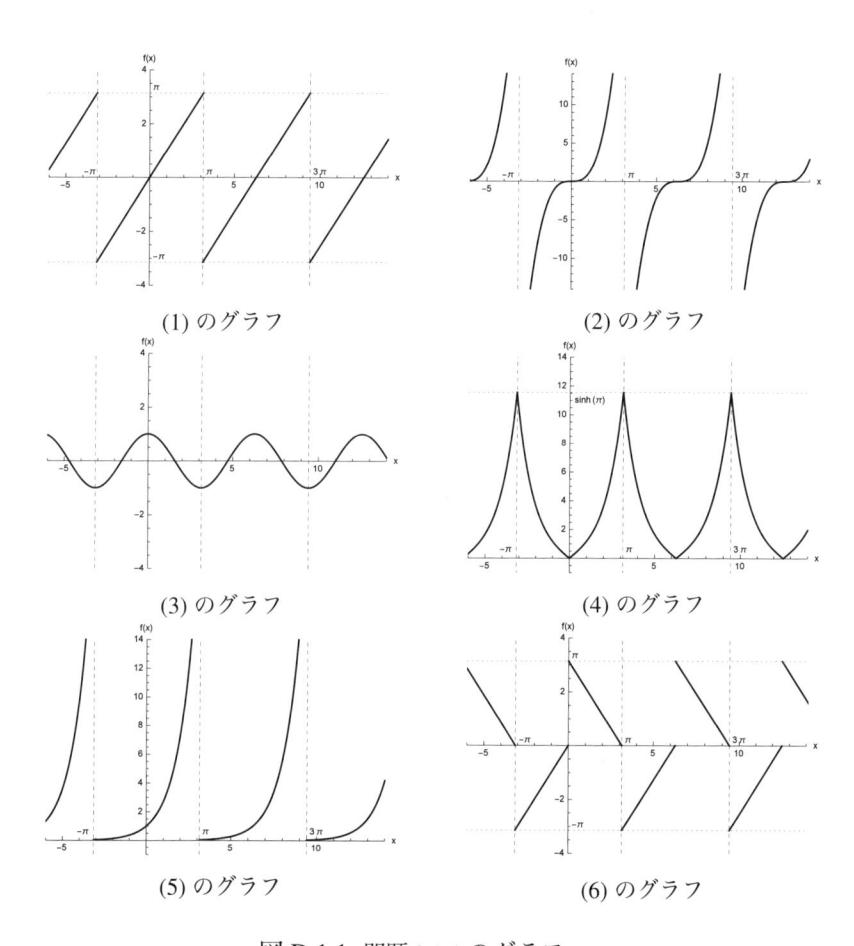

(1) のグラフ

(2) のグラフ

(3) のグラフ

(4) のグラフ

(5) のグラフ

(6) のグラフ

図 D.1.1: 問題 3.1.4 のグラフ

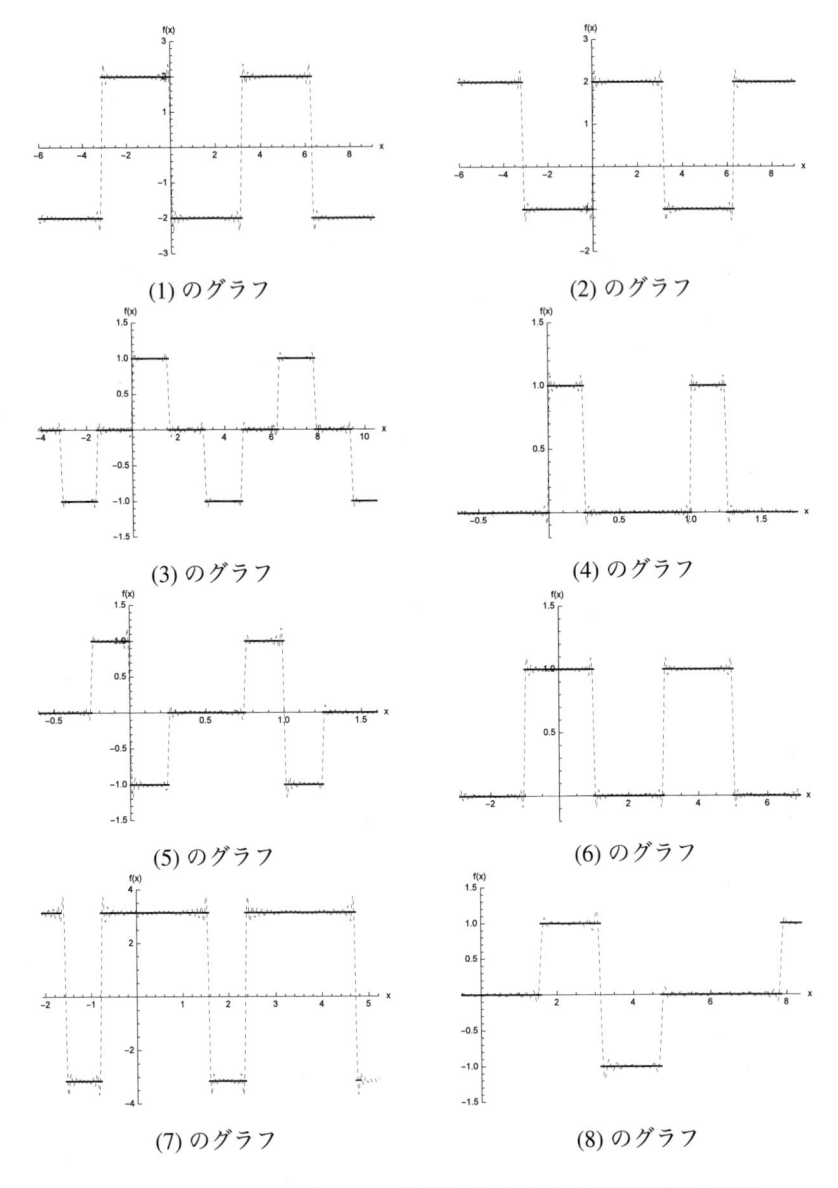

(1) のグラフ　　　　　　　　　　　(2) のグラフ

(3) のグラフ　　　　　　　　　　　(4) のグラフ

(5) のグラフ　　　　　　　　　　　(6) のグラフ

(7) のグラフ　　　　　　　　　　　(8) のグラフ

図 D.1.2: 問題 3.2.3 のグラフ：実線が与えられた周期関数, 破線
が $n = 30$ としたときのフーリエ級数。

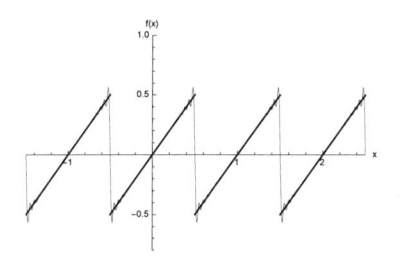

(1) 細実線のフーリエ級数は $n = 20$

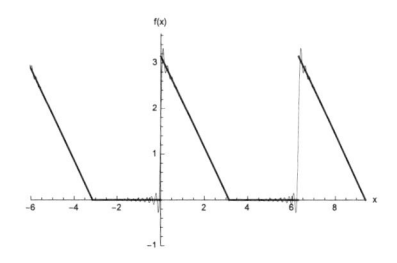

(2) 細実線のフーリエ級数は $n = 30$

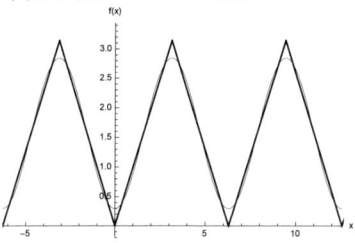

(3) 細実線のフーリエ級数は $n = 2$

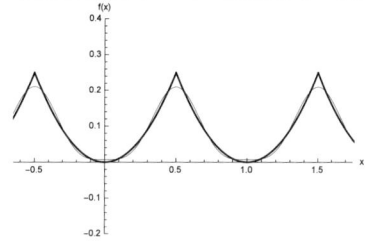

(4) 細実線のフーリエ級数は $n = 2$

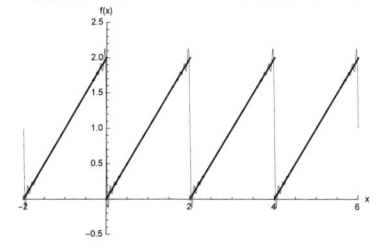

(5) 細実線のフーリエ級数は $n = 20$

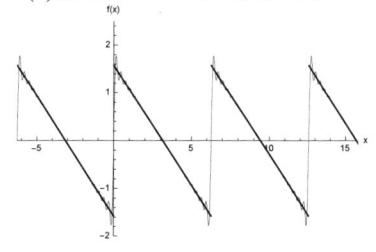

(6) 細実線のフーリエ級数は $n = 20$

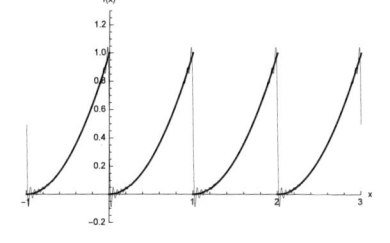

(7) 細実線のフーリエ級数は $n = 20$

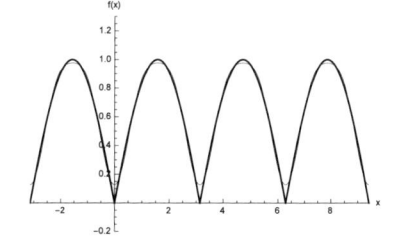

(8) 細実線のフーリエ級数は $n = 2$

図 D.1.3: 問題 3.2.4 のグラフ：太実線が与えられた周期関数, 細実線がフーリエ級数。

おわりに

　フーリエ生誕 250 年にあたり彼のなしえた業績を振り返りながら浅学菲才の身で, なおかつ初等的な道具のみでその神髄に迫ろうとする大胆な試みが成功し, 読者のフーリエ解析学理解に繋がれば著者らの喜びであります。

　技術や学問の発展に伴い昨今の学生諸氏は筆者 (少なくとも第 1 筆者) らの時代とは異なり, 学ぶべき質も高度になり, また, その量も多くなっています (筆者らの学生時代には AI(人工知能) なる言葉すらなかったのではないか)。そのような時代にこそ次代を担う諸氏は, 工学的資質が要求され原理原則を見極める学問的素養を身につけることが肝要です。本書のテーマの「フーリエ解析学」は数多い工学専門基礎教科の中でも誰でもが身につけるべき必須事項の一つです。本書を書く上で参考にした文献を巻末に付しました。[2], [5], [8], [9] は入門的な書物で平易に解説しています。応用面からは [1], [4] などを読まれると良いでしょう。少し高度なものに [3], [10], [11], [13] がありますが, これらは本書を読み終わってから進む内容のものです。

　フーリエ自身も彼の命題『時間に関する任意の周期関数は同じ周期の正弦関数と余弦関数の無限和として表せる』を証明付きで発表したわけではありませんでした。そのため, 学界に認知されるには多少の年月を要しましたが, 多くの数学者を巻き込み彼の理論を精密化し正当化し, 今日では工学・理学においてなくてはならない普遍的な技術になっています。

　我が国は先の大東亜戦争で敗れはしましたが, 先達の努力の賜物で見事に国力・経済力とも世界を凌駕する一国になりました。21 世紀は平成生まれの, あるいは, つぎの元号で誕生する諸氏が造る時代です。本書がそのような読者諸氏へのささやかな贈り物になることを念じつつ, 皆さんの各専門分野の発展に寄与すれば筆者らの望外なる幸せです。

野原勉

参考文献

[1] 今井勤：物理とフーリエ変換, 岩波全書, 1976.

[2] 加藤雄介, 求幸年：フーリエ・ラプラス解析, 丸善出版, 2017.

[3] 河田達夫：応用数学概論, 岩波全書, 1950.

[4] 小出昭一郎：物理現象のフーリエ解析, 東京大学出版会, 1981.

[5] 高橋健人：物理数学, 培風館, 1958.

[6] 野原勉：エンジニアのための有限要素法入門, 培風館, 2016.

[7] 野原勉：応用微分方程式講義, 東京大学出版会, 2013.

[8] Arfken, George. B. and Weber, Hans J., 'Mathematical Methods for Physicists, ' Academic Press, Inc., 1995. 権平健一郎, 神原武志, 小山直人 (訳)：フーリエ変換と変分法, 講談社, 2002.

[9] Kreyszig, E., 'Advanced Engineering Mathematics(Eighth Edition), ' John Wiley & Sons, Inc., 1999. 阿部寛治 (訳)：フーリエ解析と偏微分方程式 (技術者のための高等数学 3), 培風館, 2003.

[10] Doetsch,G.,'Theorie und Anwendung der Laplace-Transformation,' 1937.

[11] Dym, H. and McKean, H.P., 'Fourier Series and Integrals, ' Academic Press, Inc., New York, 1972.

[12] Haberman, R., 'Elementary Applied Partial Differential Equations,' Prectice-Hall, Inc., 1983.

[13] Stein, Elias M. and Shakarchi, Rami, 'Fourier Analysis, ' Princeton University Press, 2003. 新井仁之, 杉本充, 高木啓行, 千原浩之 (訳)：フーリエ解析入門, 日本評論社, 2007.

索 引

著 者 略 歴

野原 勉（のはら べん）

1988年名古屋大学大学院博士課程満期退学、同年工学博士。
三菱重工業（株）技術本部にて火力発電プラント、HIIAロケット、飛翔体などの研究開発に従事。
2000年米国ヴァージニア州立工科大学客員教授（～2003年）。
2001年武蔵工業大学（現東京都市大学）教授。
2012年東京大学大学院数理科学研究科連携併任講座客員教授（～2014年）。
2015年東京都市大学名誉教授。
専門は大域解析学。

【主な著書】　応用微分方程式―振り子から生態系モデルまで（東京大学出版会 2013）、例題で学ぶ微分方程式（オライリー・ジャパン 2013）、エンジニアのためのフィードバック制御入門（監訳、オライリー・ジャパン 2014）、Mathematicaと微分方程式（日新出版 2014）、理系のための数学リテラシー（日新出版 2015）、エンジニアのための有限要素法入門（培風館 2016）。

古田 公司（ふるた こうじ）

1993年北海道大学大学院博士課程満期退学。
1993年武蔵工業大学（現東京都市大学）助手。
現在東京都市大学准教授。博士（理学）。
専門は関数解析学。

フーリエ解析学初等講義　　（実用数学全書）

2018年5月10日　初版印刷
2018年5月30日　初版発行

ⓒ　著　者　　野　原　　勉
　　　　　　　古　田　公　司

発 行 者　　小　川　浩　志

発 行 所　**日新出版株式会社**
　　　　　　東京都世田谷区深沢5-2-20
　　　　　　TEL (03)3701-4112・(03)3703-0105
　　　　　　FAX (03)3703-0106
ISBN978-4-8173-0259-5　　振替 00100-0-6044　郵便番号 158-0081

2018 Printed in Japan　　　　　印刷・製本 日商印刷（株）

日新出版の教科書・参考書

わかる自動制御	椹木・添田 編著	328頁
わかる自動制御演習	椹木 監修 添田・中溝 共著	220頁
自動制御の講義と演習	添田・中溝 共著	190頁
システム工学の基礎	椹木・添田・中溝 編著	246頁
システム工学の講義と演習	添田・中溝 共著	174頁
システム制御の講義と演習	中溝・小林 共著	154頁
ディジタル制御の講義と演習	中溝・田村・山根・申 共著	166頁
シーケンス制御の基礎	中溝 監修 永田・斉藤 共著	90頁
基礎からの制御工学	岡本良夫 著	140頁
振動工学の基礎	添田・得丸・中溝・岩井 共著	198頁
振動工学の講義と演習	岩井・日野・水本 共著	200頁
新版機構学入門	松田・曽我部・野飼 他著	178頁
機械力学の基礎	添田 監修 芳村・小西 共著	148頁
機械力学入門	棚澤・坂野・田村・西本 共著	242頁
基礎からの機械力学	景山・矢口・山崎 共著	144頁
基礎からのメカトロニクス	岩田・荒木・橋本・岡 共著	158頁
基礎からのロボット工学	小松・福田・前田・吉見 共著	243頁
よくわかるコンピュータによる製図	櫻井・井原・矢田 共著	92頁
材料力学（改訂版）	竹内洋一郎 著	320頁
基礎材料力学	柳沢・野田・入交・中村 他著	184頁
基礎材料力学演習	柳沢・野田・入交・中村 他著	186頁
基礎弾性力学	野田・谷川・須見・辻 共著	196頁
基礎塑性力学	野田・中村（保）共著	182頁
基礎計算力学	谷川・畑・中西・野田 共著	218頁
要説材料力学	野田・谷川・辻・渡邊 他著	270頁
要説材料力学演習	野田・谷川・芦田・辻 他著	224頁
基礎入門材料力学	中條祐一 著	156頁
新版機械材料の基礎	湯浅栄二 著	126頁
基礎からの材料加工法	横田・青山・清水・井上 他著	214頁
新版 基礎からの機械・金属材料	斎藤・小林・中川 共著	156頁
わかる内燃機関	廣安博之 著	272頁
わかる熱力学	田中・田川・氏家 共著	204頁
わかる蒸気工学	西川 監修 田川・川口 共著	308頁
伝熱工学の基礎	望月・村田 共著	296頁
基礎からの伝熱工学	佐野・齊藤 共著	160頁
ゼロからスタート・熱力学	石原・飽本 共著	172頁
工業熱力学入門	東之弘 著	110頁
わかる自動車工学	樋口・長江・小口・渡部 他著	206頁
わかる流体の力学	山枡・横溝・森田 共著	202頁
わかる水力学	今市・田口・谷林・本池 共著	196頁
水力学と流体機械	八田・田口・加賀 共著	208頁
流体力学の基礎	八田・鳥居・田口 共著	200頁
基礎からの流体工学	築地・山根・白濱 共著	148頁
基礎からの流れ学	江尻英治 著	184頁
学生のための 水力学数値計算演習	山岸・原田・岡田 他著	230頁
わかるアナログ電子回路	江間・和田・深井・金谷 共著	252頁
わかるディジタル電子回路	秋谷・平間・都築・長田 他著	200頁
電子回路の講義と演習	杉本・島・谷本 共著	250頁
要点学習電子回路	太田・加藤 共著	124頁
わかる電子物性	中澤・江良・野村・矢萩 共著	180頁